名校名师精品系列教材

JavaScript Programming
and Practicing

JavaScript
程序设计基础与实战

张建臣　陈承欢◉编著

人民邮电出版社
北　京

图书在版编目（CIP）数据

JavaScript 程序设计基础与实战 / 张建臣, 陈承欢
编著. -- 北京 : 人民邮电出版社, 2024. --（名校名师
精品系列教材）. -- ISBN 978-7-115-65340-6

Ⅰ. TP312.8

中国国家版本馆 CIP 数据核字第 20243XT869 号

内 容 提 要

　　本书合理选取 JavaScript 的相关理论知识，优化 JavaScript 程序设计的教学内容，科学安排各模块的编排顺序，构建了 JavaScript 程序设计的模块化结构。本书共 8 个模块，包括 JavaScript 知识入门及应用、JavaScript 编程基础及应用、JavaScript 流程控制及应用、JavaScript 函数编程及应用、JavaScript 对象编程及应用、JavaScript 对象模型及应用、JavaScript 事件处理及应用、JavaScript 编程技巧及应用。每个模块均设计了知识启航、实战演练和在线评测环节，帮助读者强化理论知识，提升实操技能。

　　本书可作为普通高等院校、高职高专或中等职业院校 JavaScript 程序设计课程的教材，也可作为相关机构的培训用书及 JavaScript 技术爱好者的自学参考书。

◆ 编　　著　张建臣　陈承欢
　　责任编辑　顾梦宇
　　责任印制　王　郁　焦志炜
◆ 人民邮电出版社出版发行　　北京市丰台区成寿寺路 11 号
　　邮编　100164　电子邮件　315@ptpress.com.cn
　　网址　https://www.ptpress.com.cn
　　固安县铭成印刷有限公司印刷
◆ 开本：787×1092　1/16
　　印张：12.75　　　　　　　　2024 年 11 月第 1 版
　　字数：372 千字　　　　　　2025 年 3 月河北第 2 次印刷

定价：49.80 元

读者服务热线：(010)81055256　印装质量热线：(010)81055316
反盗版热线：(010)81055315

前言

随着互联网技术的飞速发展，前端开发已经成为软件开发领域中不可或缺的一部分。JavaScript 可以实现实时的、动态的、可交互的功能，它通过响应用户操作来呈现各种自定义内容，使网页更加生动。作为前端开发的核心语言，JavaScript 的重要性不言而喻。无论是初学者还是经验丰富的开发者，都需要不断学习 JavaScript 程序设计的基础知识与实战要领。本书不仅介绍了 JavaScript 的基础知识，还通过丰富的实战项目，帮助读者将所学知识应用于实际开发中。

本书具有以下特色和创新点。

（1）构建了 JavaScript 程序设计的模块化结构。

本书共设计 8 个教学模块，根据使用频率、掌握的必要性等要素对各个模块的知识、技能进行合理取舍，并对所选取的知识与技能进行梳理，构建了层次分明、结构清晰、编排合理的模块化结构。

（2）形成了 JavaScript 程序设计教学实施的一体化结构。

本书的每个模块都设计了完整的教学环节：知识启航、实战演练、在线评测，将知识学习与编程训练巧妙结合，搭建了系统性强、条理性强、循序渐进的知识体系，形成了独具特色的一体化结构，充分满足 JavaScript 程序设计教学实施的需求。

（3）设计了 JavaScript 程序设计的特色实战任务。

本书每个模块的实战演练环节均设计了多个实战任务，全书共包含 30 个实战任务，这些任务综合性较强，能够引导读者综合应用相关知识编写 JavaScript 程序，训练读者的知识应用能力和编程能力。

本书旨在全方位提升读者的 JavaScript 程序设计能力，在引导读者完成各个 JavaScript 程序设计任务的过程中，使读者逐步理解灵活多变的 JavaScript 语法知识，循序渐进地学会应用这些知识，熟练掌握形式多样的程序设计方法。

本书由山东电子职业技术学院张建臣和湖南铁道职业技术学院陈承欢编著，冯向科、谭传武、颜谦和、谢树新、颜珍平、侯伟、肖素华、林保康、张丽芳等多位老师参与了本书的设计、优化，以及部分内容的编写、校对和整理工作。

由于编者水平有限，书中难免存在疏漏之处，恳请各位读者批评指正，编者的 QQ 号码为 1574819688。感谢您使用本书，希望本书能对您有所帮助。

编　者

2024 年 2 月

目录

模块 1
JavaScript 知识入门及应用

JavaScript 可以与 HTML（Hypertext Markup Language，超文本标记语言）一起实现网页中的动态交互功能，它与 HTML 标签结合使用，可以弥补 HTML 的不足，使得网页变得更加生动。

知识启航

1.1 JavaScript 简介

JavaScript 由布兰登·艾奇（Brendan Eich）首创，于 1995 年出现在 Netscape（该浏览器已停止更新）中，并于 1997 年被 ECMA（European Computer Manufacturers Association，欧洲计算机制造商协会）采纳，形成了 JavaScript 标准，称为 ECMAScript，ECMA-262 是 JavaScript 标准的官方名称。

因为 JavaScript 具有复杂的 DOM（Document Object Model，文档对象模型），其在不同浏览器上的实现方式不一样，以及缺乏便捷的开发、调试工具，所以 JavaScript 的应用并未真正推广。正当 JavaScript 从开发者的视线中渐渐隐去时，一种新型的基于 JavaScript 的 Web 技术——AJAX（Asynchronous JavaScript And XML，异步 JavaScript 和 XML）诞生了，它使互联网中基于 JavaScript 的应用越来越多，从而使 JavaScript 不再是一种仅用于制作 Web 页的脚本语言，JavaScript 越来越受到重视，互联网领域由此掀起一场"JavaScript 风暴"。

JavaScript 语言有如下一些特点。

（1）JavaScript 是解释型语言，而非编译型语言。

JavaScript 的基本语法与 C 语言的类似，JavaScript 代码在运行过程中不需要单独编译，而是逐行解释执行，运行速度快。

（2）JavaScript 具有跨平台性。

JavaScript 程序的运行与操作环境无关，只依赖于浏览器本身。只要浏览器支持 JavaScript，JavaScript 程序就能正确执行。

（3）JavaScript 是一种动态类型、弱类型、轻量级、基于原型的编程语言。

JavaScript 是一种广泛用于浏览器的脚本语言，用来给 HTML 网页增加动态功能，它的解释器被称为 JavaScript 引擎，是浏览器的一部分。

（4）JavaScript 是一种基于对象和事件驱动的脚本语言。

JavaScript 代码插入 HTML 页面后，所有的现代浏览器都可以执行。网页通过在标准的 HTML 代码中嵌入或调用 JavaScript 代码实现其功能。

1.2 初识 ECMAScript 6.0

ECMAScript 6.0（以下简称 ES6）是 JavaScript 语言的下一代标准，发布于 2015 年 6 月，其目标是使 JavaScript 语言可以用来编写复杂的大型应用程序，成为企业级开发语言。ECMAScript 是由 ECMA 参与进行标准化的语法规范。

ES6 标准增加了 JavaScript 语言层面的模块体系定义，ES6 中所引入的语言新特性更具规范性、易读性，可方便用户操作，降低大型项目开发的复杂程度，降低出错概率，提升开发效率。ES6 模块的设计理念是尽量静态化，使得编译时就能确定模块之间的依赖关系，以及输入和输出的变量。而 CommonJS 和 AMD 模块都只能在运行时确定这些。

1. ES6 和 JavaScript 的关系

1996 年 11 月，Netscape 公司决定将 JavaScript 提交给 ECMA，希望这种语言能够成为国际标准语言。

1997 年，ECMA 发布 262 号标准文件（ECMA-262）的第一版，其中规定了浏览器脚本语言的标准，并将这种标准称为 ECMAScript。

该标准从一开始就是针对 JavaScript 语言制定的，其名称之所以不叫 JavaScript 是出于以下两个原因。一是商标，Java 是 Sun 公司的商标，根据授权协议，只有 Netscape 公司可以合法地使用 JavaScript 这个名称，且 JavaScript 本身也已经被 Netscape 公司注册为商标。二是想体现这种语言的标准制定者是 ECMA，而不是 Netscape 公司，这样有利于保证这种语言的开放性和中立性。

因此，ECMAScript 和 JavaScript 的关系如下：前者是后者的标准，后者是前者的一种实现。

2. ES6 与 ECMAScript 2015 的关系

2011 年，ECMAScript 5.1 发布后，ECMA 就开始制定 6.0 版了。因此，ES6 这个词的原意指的是 5.1 版的下一个版本。因为 ES6 的第一个版本是在 2015 年发布的，所以又称为 ECMAScript 2015，简称 ES2015。

ES6 是一种泛指，即 5.1 版以后的 JavaScript 标准，涵盖了 ES2015、ES2016、ES2017 等版本。

1.3 JavaScript 常用的开发工具和框架

编写与调试 JavaScript 程序的工具和框架有多种，目前常用的工具有 Dreamweaver、WebStorm 等，常用的框架有 Vue.js、Express 等。

1. Dreamweaver

Dreamweaver 是一款集网页制作和网站管理于一身的所见即所得的网页编辑器，用于帮助网页设计师提高网页制作效率，降低网页开发的难度和学习 HTML、CSS（Cascading Style Sheets，串联样式表）、JavaScript 的门槛，它支持以代码、拆分、设计、实时视图等多种方式来创作、编写和修改网页。

2. WebStorm

WebStorm 是 JetBrains 公司推出的一款 Web 前端开发工具，JavaScript、HTML 程序开发是其强项，其支持许多流行的前端技术，如 jQuery、Prototype、Less、Sass、AngularJS、ESLint、Webpack 等。

3. Visual Studio Code

Visual Studio Code（简称 VS Code）是一款功能十分强大的轻量级编辑器，曾被评为 JavaScript 开发的最佳工具或 IDE（Integrated Development Environment，集成开发环境）之一。该编辑器提供了丰富的快捷键，集成了语法高亮、可定制热键绑定、括号匹配以及代码片段收集等特性，并且支持多种语法和文件格式。Visual Studio Code 与 Windows、Linux 和 macOS 兼容，可以添加数百个插件，内置调试器，可以使用 IntelliSense 进行代码重构和代码编写，并集成了 CLI（Command Line Interface，命令行界面）。

4. Sublime Text

Sublime Text 是一款轻量级的 JavaScript 代码编辑器，具有友好的 UI（User Interface，用户界面），支持拼写检查、书签、自定义按键绑定等功能，还可以通过灵活的插件机制扩展编辑器的功能，其插件可以利用 Python 语言开发。Sublime Text 是一款跨平台的编辑器，支持 Windows、Linux、macOS 等操作系统，支持多种语言。

5. Vue.js

Vue.js 是 JavaScript 的一个开源前端框架，适用于跨平台开发。Vue.js 支持所有浏览器，兼容 Windows、macOS 和 Linux。使用 Vue.js 处理任何规模的应用程序都非常容易，无论是大规模应用程序还是小规模应用程序。其插件系统具有允许用户添加网络、提供后端支持和状态管理等功能。

6. Express

Express 是开源后端框架。它为构建单页、多页和混合 Web 应用程序提供了服务器逻辑，它运行快速、稳定，并且可以非常轻松地构建 API（Application Program Interface，应用程序接口）。使用 Express 可以轻松配置和自定义应用程序。

1.4 ECMAScript 的基本语法规则

ECMAScript 有以下基本语法规则。

1. ECMAScript 标识符的命名

标识符即变量名、函数名、属性名等，ECMAScript 有一套标识符的命名规则。编写 JavaScript 程序时，应始终对所有的代码使用一致的命名规则。

JavaScript 程序标识符的常见命名规则如下。

（1）第一个字符必须是字母、下画线（_），不要以$符号开头，以$符号开头可能会与 JavaScript 库名冲突。

（2）除第一个字符的其他字符可以是字母、下画线、符号或数字。

（3）除第一个字符的其他字符还可以是一些特殊的字符，但是不推荐使用特殊字符。

（4）数字不可以作为标识符的首字符。这样，JavaScript 就能轻松地区分标识符和数字。

（5）JavaScript 的标识符中不能使用连字符（-），它是为减法预留的。

（6）一般 JavaScript 标识符采用驼峰格式编写，采用标识符的驼峰格式是没有强制要求的，只是这样写显得更加规范。

标识符的常见格式有如下两种。

① 小驼峰格式：第一个单词的首字母小写，后面接着的单词首字母都大写，如 idCard。

② 大驼峰格式：第一个单词的首字母大写，后面接着的单词首字母也都大写，如 IdCard。

程序中的类名、全局变量名、常量名一般以大写字母开头，通常开发者更倾向于使用以小写字母开头的小驼峰格式，如定义变量名、函数名时，一般以小写字母开头。

2. 不能把关键字作为变量名、函数名等标识符

在 ECMAScript 中，不能把关键字作为变量名、函数名、属性名等标识符。

例如，var 是关键字，是不可以作为变量名的，但是把 var 变为 Var 就可以使用了，因为 Var 不是

关键字。

例如：

```
// var 是一个关键字
let var = 2;
console.log(var); // 此时会报错，显示 "Unexpected token 'var'"
let Var = 3;
console.log(Var);
```

3. 区分字母大小写

ECMAScript 的标识符都是区分字母大小写的，包括变量名、函数名等，即 JavaScript 语言对字母大小写是敏感的。例如，变量 test 与变量 TEST 是不同的变量，函数 getElementById() 与 getElementbyID() 也是不同的。JavaScript 也不会把 VAR 或 Var 当作关键字 var。

4. 变量是弱类型的

ECMAScript 中的变量无特定的类型，定义变量时可用 var 将其初始化为任意值。因此，可以随时改变变量所存数据的类型，但应尽量避免这样做。

例如：

```
var color = "red";
var num = 25;
var visible = true;
```

5. JavaScript 会忽略多余的空格

编写 JavaScript 程序时，可以在语句中添加多个空格，例如，在运算符（=、+、-、*、/）前后位置以及逗号之后添加空格，对代码块使用 4 个空格（注意不是制表符）进行缩进，以增强可读性，但 JavaScript 会忽略多余的空格。

例如，以下两条语句是等价的。

```
var num = 25 ;
var num=25;
```

建议在=、+、-、*、/等运算符两侧添加空格，以增强可读性。

例如：

```
var x = 2 + 3 ;
```

6. 正确使用分号

分号用于分隔 JavaScript 语句，通常在每条可执行的语句结尾添加分号。

在 JavaScript 中，每条语句结尾的分号是可选的，因为 ECMAScript 允许开发者自行决定是否以分号结束一行代码。如果没有分号，ECMAScript 就把折行代码的结尾看作该语句的结尾（与 Visual Basic 和 VBScript 相似），但其前提是没有破坏代码的语意。

根据 ECMAScript 标准，下面两行代码都是正确的。

```
var test1 = "red"
var test2 = "blue" ;
```

最好的代码编写习惯是在单条语句结尾统一加上分号，因为没有分号，有些浏览器无法正确执行代码。加上分号可以避免许多错误，也可以更好地将代码压缩。在某些情况下，添加分号可以让代码执行得更快，因为解释器不需要判断哪里需要或者不需要分号。

另外，使用分号还可以实现在一行中编写多条语句。

7. JavaScript 语句

计算机程序是由计算机"执行"的一系列"指令"，在编程语言中，这些编程指令被称为语句。

JavaScript 程序就是一系列的编程语句。在 Web 开发中，JavaScript 程序由 Web 浏览器执行。JavaScript 程序以及 JavaScript 语句常被称为 JavaScript 代码。大多数 JavaScript 程序包含多条 JavaScript 语句，这些语句会按照它们被编写的顺序逐一执行。

JavaScript 语句向浏览器发出命令，告诉浏览器该做什么。

JavaScript 语句通常以半角分号";"结尾。

例如：

```
let x = 2;
let y = 3;
```

换行符也相当于语句结尾。

例如：

```
let a = 1
let b = 2
```

在语句结尾处加半角分号与不加半角分号的代码都是可以正确执行的。

8. JavaScript 代码块

多条语句必须写在一对花括号之中，这样的多条语句称为代码块。代码块表示一系列应该按顺序执行的语句，代码块由左花括号"{"开始，到右花括号"}"结束，代码块的多条语句被封装在左花括号"{"和右花括号"}"之间。

📖【示例 1–1】demo0101.html

代码如下：

```
let color1 = "red" ;
if (color1 == "red") {
    color1 = "blue";
    alert(color1);
}
```

代码块的作用是使语句按其被编写的顺序执行，JavaScript 函数是将语句组合在代码块中的典型示例。JavaScript 代码块通常有以下编写规则。

① 在第一行的结尾处写左花括号"{"。

② 在左花括号"{"前面添加一个空格。

③ 在代码块结束位置的新行上写右花括号"}"，并且不加前导空格。

④ 代码块不要以分号结束，即右花括号"}"后面不加分号。

例如：

```
for (i = 0; i < 5; i++) {
    x += i;
}
let time = 12 ;
let greeting=" " ;
if (time < 20) {
    greeting = "Good day";
} else {
    greeting = "Good evening";
}
```

9. 对代码行进行折行

为了得到最佳的可读性，建议把代码行控制在 80 个字符以内，如果 JavaScript 语句太长，则应对其进行折行，折行的最佳位置是某个运算符或者逗号之后。例如：

```
document.getElementById("demo").innerHTML =
'Hello JavaScript';
```

也可以在文本字符串中使用反斜杠"\"对代码行进行折行。以下代码在某些浏览器中能够正确运行：

```
document.getElementById("demo").innerHTML =  'Hello \
JavaScript';
```

使用"\"折行的方法并不符合 ECMAScript 标准，某些浏览器不允许"\"字符之后出现空格。对长字符串进行折行的最安全的做法是使用字符串连接运算符"+"。例如：

```
document.getElementById("demo").innerHTML =  'Hello +
JavaScript';
```

对于非文本字符串，一般不能通过反斜杠"\"对代码行进行折行，以下的折行是不允许的。

```
document.write \
("Hello JavaScript!") ;
```

1.5 JavaScript 的注释

并非所有 JavaScript 语句都会被执行，双斜杠"//"或"/*"与"*/"之间的代码被视为注释，注释会被忽略，不会被执行。JavaScript 的注释用于对 JavaScript 代码进行解释，以提高程序的可读性。调试 JavaScript 程序时，还可以使用注释阻止代码块的执行。

JavaScript 有两种类型的注释。

（1）单行注释以双斜杠（//）开头。

任何位于"//"与行末之间的文本都会被 JavaScript 忽略（不会被执行）。

单行注释可以用于代码行之前，例如：

```
// 声明 x，为其赋值 5
var x = 5 ;
```

也可以在每行代码的结尾处使用单行注释来解释代码，例如：

```
var y = 6 ;  // 声明 y，为其赋值 6
```

在代码行之前添加"//"会把可执行的代码行更改为注释，例如：

```
// x=x+1 ;
```

（2）多行注释以单斜杠和星号（/*）开头，以星号和单斜杠（*/）结尾。

任何位于"/*"和"*/"之间的文本都会被 JavaScript 忽略，例如：

```
/*this is a multi-
line comment*/
```

多行注释也称块级注释。对多行代码添加多行注释符，会把可执行的代码行更改为注释，例如：

```
/*
x = x + 1 ;
y = x ;
*/
```

1.6 在 HTML 文档中嵌入 JavaScript 代码的方法

HTML 文档中的 JavaScript 代码必须位于\<script\>与\</script\>标签之间，脚本可被放置在 HTML 文档的\<body\>或\<head\>部分中，或者同时存在于这两个部分中。通常的做法是把函数放入\<head\>部分中，或者放在文档底部，这样不会打乱页面的内容。

将 JavaScript 代码嵌入 HTML 文档的形式有以下几种。

1. 在 HTML 文档中直接嵌入 JavaScript 代码

在页面中使用代码"<script>JavaScript 代码</script>"可直接嵌入 JavaScript 代码，JavaScript 代码主要有以下两种嵌入位置。

（1）在<head>部分中添加 JavaScript 代码。

将 JavaScript 代码置于<head>部分，使之在其余代码之前加载，快速实现其功能，并且容易维护。有时在<head>部分定义 JavaScript 代码，在<body>部分调用 JavaScript 代码。

示例编程

📖 【示例 1-2】demo0102.html

代码如下：

```html
<!doctype html>
<html>
<head>
<meta charset="utf-8">
<title>在 HTML 文档中嵌入 JavaScript 代码</title>
<script>
    function myFunction() {
        document.getElementById("demo").innerHTML = "段落已被更改。";
        }
</script>
</head>
<body>
    <p id="demo">一个段落。</p>
    <input type="button"  onclick="myFunction()" value="试一试">
</body>
</html>
```

（2）直接在<body>部分中添加 JavaScript 代码。

某些脚本程序在网页中的特定部分显示其效果，此时脚本程序就会位于<body>中的特定位置。把脚本程序置于<body>标签中内容的底部，可加快显示速度，因为编译脚本程序会拖慢显示速度。也可以直接在 HTML 表单的<input>标签内添加脚本，以响应输入元素的事件。

📖 【示例 1-3】demo0103.html

代码如下：

```html
<!doctype html>
<html>
<head>
<meta charset="utf-8">
<title>在 HTML 文档中嵌入 JavaScript 代码</title>
</head>
<body>
    <p id="demo">一个段落。</p>
    <input type="button"  onclick="myFunction()" value="试一试">
    <script>
        function myFunction() {
            document.getElementById("demo").innerHTML = "段落已被更改。";
```

```
                         }
                    </script>
               </body>
          </html>
```

在 HTML 中，插入脚本程序的方式是使用<script>标签，即 JavaScript 代码必须位于<script>与
</script>标签之间，并且把脚本标签<script></script>置于网页的 head 部分或 body 部分，然后在其
中加入脚本程序。其一般语法格式如下。

```
<script>
<!--
      在此编写 JavaScript 代码
//-->
</script>
```

通过标签<script></script>指明其间是 JavaScript 代码。

虽然<script>标签有多个属性，但是这些属性不常用或者有默认值，而这些默认值通常无须更改。

使用<script>标签时，一般使用 language 属性说明使用何种编程语言，使用 type 属性标识脚本程
序的类型，也可以只使用其中一种，以适应不同的浏览器。如果需要，还可以在 language 属性中标明
JavaScript 的版本号，这样，所使用的 JavaScript 代码就可以应用该版本的功能和特性，如
"language=JavaScript1.2"。

以前的浏览器可能会在<script>标签中设置 type="text/javascript"，现在已经不必这样做了。

如果浏览器版本和 JavaScript 代码之间存在兼容性问题，则可能会导致某些 JavaScript 代码在某
些版本的浏览器中无法正确执行。如果浏览器不能识别<script>标签，则会将<script>与</script>标签之
间的 JavaScript 代码当作普通的 HTML 字符显示在浏览器中。针对此类问题，可以将 JavaScript 代
码置于 HTML 注释符之间，这样不支持 JavaScript 的浏览器就不会把代码内容当作文本显示在页面上，
而是把它们当作注释，不会做任何操作。

"<!--"是 HTML 注释符的起始标记，"//-->"是 HTML 注释符的结束标记。在不支持 JavaScript
的浏览器中，标记<!--和//-->之间的内容被当作注释。在支持 JavaScript 的浏览器中，这对标记将不
起任何作用。另外，需要注意的是，HTML 注释符的结束标记之前有两个斜杠"//"，这两个斜杠是
JavaScript 语言中的注释符号，如果没有这两个斜杠，则 JavaScript 解释器会试图将 HTML 注释的结
束标记作为 JavaScript 代码来解释，从而可能导致出错。

2. 链接 JavaScript 外部脚本文件

先将 JavaScript 代码写入外部的 JS 文件中，然后通过引用外部脚本文件来加载外部脚本，即使
用<script>标签的 src 属性来指定外部脚本文件的 URL（Uniform Resource Locator，统一资源定
位符）。这里也可以使用 type 属性，但不是必需的。

代码如下：

```
<script src="外部 JavaScript 文件的路径与名称"></script>
```

外部 JavaScript 文件可以通过完整的 URL 或相对于当前网页的路径来引用，外部 JavaScript 文
件的路径有以下多种情形。

（1）存放链接的脚本文件的文件夹与存放当前页面的文件夹相同。

代码如下：

```
<script src="jsDemo.js"></script>
```

（2）链接的脚本文件位于当前网站所在位置的指定文件夹（如 js）中。

代码如下：

```
<script src="/js/jsDemo.js "></script>
```

（3）使用完整的 URL 来链接外部脚本文件。

代码如下：

```
<script src="https://www.myDemo.com.cn/js/jsDemo.js"></script>
```

📖【示例 1-4】demo0104.html

代码如下：

```
<!doctype html>
<html>
<head>
<meta charset="utf-8">
<title>在 HTML 文档中嵌入 JavaScript 代码</title>
<script src="demo0104.js"></script>
</head>
<body>
    <p id="demo">一个段落。</p>
    <input type="button"   onclick="myFunction()" value="试一试">
</body>
</html>
```

外部文件 demo0104.js 中 myFunction()函数的代码如下：

```
function myFunction() {
    document.getElementById("demo").innerHTML = "段落已被更改。";
}
```

注意，外部脚本不能包含<script>标签。

外部 JavaScript 文件的扩展名是.js，可以在网页的<head>或<body>中放置外部脚本引用，此时该脚本的作用与它被置于<script>标签中的作用是一样的。这种方式可以使脚本得到重复利用，即相同的脚本可被用于多个不同的网页，从而降低维护的工作量。

如果同一页面需要链接多个脚本文件，则可以使用多个<script>标签。例如：

```
<script src="js01.js"></script>
<script src="js02.js"></script>
```

外部 JavaScript 文件是最常见的包含 JavaScript 代码的方式之一，其优势有以下几种。

① HTML 页面中代码越少，搜索引擎就能够以越快的速度来抓取网站内容并建立索引。

② 保持 JavaScript 代码和 HTML 代码的分离，这样代码显得更清晰，且更易于管理。

③ 因为可以在 HTML 代码中链接多个 JavaScript 文件，所以可以把 JavaScript 文件分开放在 Web 服务器上不同的文件夹中，这是一种更容易管理代码的做法。

④ 使 HTML 代码和 JavaScript 代码更易于阅读及维护。

⑤ 已缓存的 JavaScript 文件可加快页面加载速度。

1.7 JavaScript 的功能展示

1. JavaScript 使用 innerHTML 属性改变 HTML 内容

JavaScript 如需访问 HTML 元素，则可以使用 document.getElementById(id)方法，以下代码使用该方法来"查找" id="demo"的 HTML 元素，并把元素内容(innerHTML)更改为"Hello JavaScript"。

```
document.getElementById("demo").innerHTML = "Hello JavaScript";
```

上述代码中的 id 属性用于指定 HTML 元素，innerHTML 属性用于设置 HTML 内容。

【示例 1-5】demo0105.html

代码如下：

```
<!doctype html>
<html>
<head>
<meta charset="utf-8">
<title>JavaScript 的功能展示</title>
</head>
<body>
<p id="demo">JavaScript 改变 HTML 内容。</p>
    <input type="button" onclick="document.getElementById('demo')
                .innerHTML = 'Hello JavaScript!'" value="请单击">
</body>
</html>
```

JavaScript 同时接受双引号和单引号，例如：

document.getElementById("demo").innerHTML = 'Hello JavaScript';

2. JavaScript 改变 HTML 属性

【示例 1-6】demo0106.html

以下代码通过改变<img>标签的 src（Source 缩写）属性值来更换网页中的图像。

```
<!doctype html>
<html>
<head>
<meta charset="utf-8">
<title>JavaScript 的功能展示</title>
</head>
<body>
    <p id="demo">JavaScript 改变图像的 src 属性值。</p>
    <input type="button" onclick="document.getElementById('myImage')
                    .src='image/eg_bulbon.gif'" value="开灯">
    <img id="myImage" border="0" src="image/eg_bulboff.gif"
                        style="text-align:center;" alt="">
    <input type="button" onclick="document.getElementById('myImage')
                    .src='image/eg_bulboff.gif'   value="关灯">
</body>
</html>
```

3. JavaScript 改变 HTML 元素的样式

JavaScript 改变 HTML 元素的样式是 JavaScript 改变 HTML 属性的一种变种，例如：

document.getElementById("demo").style.fontSize = "25px";

4. JavaScript 隐藏 HTML 元素

JavaScript 可以通过改变 display 样式来隐藏 HTML 元素，例如：

document.getElementById("demo").style.display="none";

5. JavaScript 显示 HTML 元素

JavaScript 可以通过改变 display 样式来显示隐藏的 HTML 元素，例如：

document.getElementById("demo").style.display="block";

1.8 JavaScript 的输出

JavaScript 允许通过以下多种方式"显示"数据。

1. 写入 HTML 元素

使用 innerHTML 属性将数据写入 HTML 元素。更改 HTML 元素的 innerHTML 属性值是在 HTML 页面中显示数据的常用方法。

例如：

```
document.getElementById("demo").innerHTML =23;
```

📖【示例 1-7】demo0107.html

代码如下：

```
<!doctype html>
<html>
<head>
<meta charset="utf-8">
<title>JavaScript 的输出</title>
</head>
<body>
    <p id="demo"></p>
    <script>
        document.getElementById("demo").innerHTML = 9 + 14 ;
    </script>
</body>
</html>
```

2. 写入 HTML 输出

使用 document.write()方法将数据写入 HTML 输出，例如：

```
document.write(9 + 14);
```

> 在 HTML 文档完全加载后，使用 document.write()方法将删除所有已有的
> HTML 内容。

小贴士

3. 写入警告框

使用 window.alert()方法将数据写入警告框，例如：

```
window.alert(9 + 14);
```

4. 写入浏览器控制台

在浏览器中，可以使用 console.log()方法来显示数据，即使用 console.log()方法将数据写入浏览器控制台。

📖【示例 1-8】demo0108.html

代码如下：

```
<!doctype html>
<html>
<head>
```

```
        <meta charset="utf-8">
        <title>使用 JavaScript 将数据写入浏览器控制台</title>
        </head>
        <body>
            <script>
                console.log(9 + 14);
            </script>
        </body>
        </html>
```

在浏览器中浏览网页 demo0108.html，按快捷键【F12】激活浏览器的开发人员工具，并在其菜单栏中选择"控制台"选项，在浏览器控制台中进行写入，如图 1-1 所示。

图 1-1　使用 JavaScript 将数据写入浏览器控制台

1.9　JavaScript 的消息框

JavaScript 有 3 种类型的消息框：警告框、确认框和提示框。

1. 警告框

警告框是一个带有提示信息和"确定"按钮的对话框，经常用于输出提示信息。当警告框出现后，用户需要单击"确定"按钮才能继续进行操作。

其语法格式如下。

```
window.alert("文本内容")
```

window.alert()方法可以不带 window 前缀来调用。

例如：

```
alert("感谢你光临本网站");
```

如果警告框中输出的提示信息要分为多行，则使用"\n"分行。

例如：

```
alert("Hello\nHow are you?");
```

2. 确认框

确认框是一个带有提示信息以及"确定"和"取消"按钮的对话框，用于使用户可以验证或者接收某些信息。当确认框出现后，用户只有单击"确定"或者"取消"按钮才能继续进行操作。

其语法格式如下。

```
window.confirm("文本内容")
```

window.confirm()方法可以不带 window 前缀来调用。

例如：

```
var r = confirm("请单击按钮");
```

```
    if (r == true) {
        x = "单击了'确定'按钮! ";
    } else {
        x = "单击了'取消'按钮! ";
    }
```

当弹出确认框后,如果用户单击"确定"按钮,那么 confirm()方法的返回值为 true,即 r 的值为 true; 如果用户单击"取消"按钮,那么 confirm()方法的返回值为 false,即 r 的值为 false。

3. 提示框

提示框是一个提示用户输入的对话框,经常用于提示用户在进入页面前输入某个值。当提示框出现后,用户需要输入某个值,然后单击"确定"按钮或"取消"按钮才能继续操作。

其语法格式如下。

```
window.prompt("文本内容","默认值")
```

window.prompt()方法可以不带 window 前缀来调用。

例如:

```
var strName = prompt("请输入您的姓名", "李义");
if (strName != null) {
    document.getElementById("demo").innerHTML = "你好 " + strName;
}
```

以上代码运行时,如果用户单击"确定"按钮,那么 prompt()方法的返回值为输入的值;如果用户单击"取消"按钮,那么 prompt()方法的返回值为 null。

如果需要在提示框中显示折行,则使用 "\n" 即可。

1.10 JavaScript 库

JavaScript 高级程序设计(特别是对不同浏览器差异的复杂处理)通常很困难也很耗时,为了简化 JavaScript 程序的开发,许多 JavaScript 库应运而生。这些 JavaScript 库常被称为 JavaScript 框架。这些库封装了很多预定义的对象和实用函数,能帮助使用者轻松建立有高难度交互功能的富客户端页面,并且兼容各大浏览器。

广受欢迎的 JavaScript 框架有 jQuery、Prototype、MooTools,这些框架都可提供针对常见 JavaScript 任务的函数,涉及动画、DOM 操作及 AJAX 处理。

1. jQuery

jQuery 是继 Prototype 之后的又一个优秀的 JavaScript 库,是一个由约翰·雷西格(John Resig)创建于 2006 年 1 月的开源项目。jQuery 是目前最受欢迎的 JavaScript 库之一,它使用 CSS 选择器来访问和操作网页上的 HTML 元素(DOM 对象),jQuery 同时提供 companion UI 和插件。目前,微软、IBM、奈飞等大型公司在其网站上都使用了 jQuery。

2. Prototype

Prototype 是一个 JavaScript 库,提供用于执行常见 Web 任务的简单 API。API 包含属性和方法,用于操作 HTML 元素。Prototype 通过提供类和继承,实现对 JavaScript 功能的增强。

3. MooTools

MooTools 是一个 JavaScript 库,提供了可使常见的 JavaScript 编程更为简单的 API,也包含一些轻量级的效果和动画函数。

1.11 jQuery 简介

jQuery 是一个"写得更少，但做得更多"的轻量级 JavaScript 库，它极大地简化了 JavaScript 编程。

jQuery 实现了操作行为（JavaScript 代码）和网页内容（HTML 代码）的分离，凭借简洁的语法和跨平台的兼容性，极大地简化了 JavaScript 开发人员遍历 HTML 文档、操作 DOM、处理事件、执行动画和开发 AJAX 的操作。jQuery 拥有强大的选择器、出色的 DOM 操作、可靠的事件处理机制、完善的兼容性、独创的链式操作方式等，其独特而优雅的代码风格改变了 JavaScript 开发者的设计思路和编程方式，因而受到越来越多人的追捧，吸引了一大批 JavaScript 开发者去学习和研究。

1. jQuery 的引用方法

如需使用 jQuery，需要先下载 jQuery 库，然后使用 HTML 的<script>标签引用它。

```
<script type="text/javascript" src="jquery.js"></script>
```

在 HTML5 中，<script>标签中的 type="text/javascript"可以省略不写，因为 JavaScript 是 HTML5 以及所有现代浏览器的默认脚本语言。

2. jQuery 函数的类别

jQuery 库是一个 JavaScript 文件，其中包含所有的 jQuery 函数。jQuery 库中包含以下类别的函数。

① HTML 元素选取函数。

② HTML 元素操作函数。

③ CSS 操作函数。

④ HTML 事件函数。

⑤ JavaScript 特效和动画函数。

⑥ HTML DOM 遍历和修改函数。

⑦ AJAX 函数。

⑧ Utilities 函数。

3. jQuery 的基本语法

通过 jQuery，可以选取（即查询，Query）HTML 元素，并对它们执行"操作"（Action）。

jQuery 语法是为 HTML 元素的选取而编制的，选取元素后可以对元素执行某些操作。

其基本语法格式如下。

```
$(selector).action()
```

（1）美元符号"$"用于定义 jQuery，jQuery 库只建立一个名为 jQuery 的对象，其所有函数都在该对象之下，其别名为$。

（2）选择符（selector）用于"选取"或"查询"HTML 元素。

（3）jQuery 的 action()用于执行对元素的操作。

例如：

```
$(this).hide()    //隐藏当前元素
```

4. 文档就绪方法 ready()

jQuery 使用$(document).ready()方法代替传统 JavaScript 的 window.onload 事件，通过使用该方法，可以在 DOM 完全就绪时对其进行操作并调用执行它所绑定的函数。$(document).ready()方法和 window.onload 事件有相似的功能，但是在执行时机方面有细微区别。window.onload 事件是在网页中所有的元素（包括元素的所有关联文件）完全加载到浏览器后才执行，即 JavaScript 此时才可以访问网页中的任何元素。而通过 jQuery 中的$(document).ready()方法注册的事件处理程序，在

DOM 完全就绪时就可以被调用。此时，网页中的所有元素对 jQuery 而言都是可以访问的，但是这并不意味着这些元素关联的文件都已经下载完毕。

jQuery 函数应位于 ready()方法中。

例如：

```
$(document).ready(function(){
        //函数代码
    });
```

这是为了防止在 DOM 完全加载（就绪）之前执行 jQuery 代码。

如果在 DOM 完全加载之前就执行函数，则操作可能会失败。例如，试图隐藏一个不存在的元素或者获得未完全加载的图像的大小。

以上代码可以简写为以下形式。

```
$(function(){
        //函数代码
    });
```

另外，$(document)也可以简写为$()。当$()不带参数时，默认参数就是 "document"，因此也可以简写为以下形式。

```
$().ready(function(){
        //函数代码
    });
```

以上 3 种形式的功能相同，用户可以根据喜好进行选择。

1.12　JavaScript 和 jQuery 的使用比较

假设网页中有 HTML 代码<div id="demo"></div>，分别使用 JavaScript 方式和 jQuery 方式实现在该标签位置输出文本信息。

（1）使用 JavaScript 方式实现。

JavaScript 允许通过 id 查找 HTML 元素，然后改变 HTML 元素的内容。

例如：

```
function displayInfo( )
  {
      var obj=document.getElementById("demo") ;
      obj.innerHTML="JavaScript" ;
  }
displayInfo() ;
```

（2）使用 jQuery 方式实现。

jQuery 允许通过 CSS 选择器来选取元素，然后设置 HTML 元素的内容。

例如：

```
function displayInfo()
  {
      $("#demo").html("jQuery") ;
  }
$(document).ready(displayInfo) ;
```

jQuery 的主要函数是$()函数。如果向该函数传递 DOM 对象，则它会返回 jQuery 对象。jQuery 使用$("#id")代替 document.getElementById(id)，即通过 id 获取元素。使用$("tagName")代替 document.getElementsByTagName("tagName")，即通过标签名获取 HTML 元素。

上述代码的最后一行中，DOM 对象被传递到 jQuery 函数$(document)，该 jQuery 函数会返回 jQuery 对象。

ready()是 jQuery 对象的一个方法，由于在 JavaScript 中函数就是对象，因此可以把 displayInfo 作为变量传递给 jQuery 的 ready()方法。

> jQuery 函数返回 jQuery 对象。jQuery 对象的属性和方法与 DOM 对象的不同。
> 不能在 jQuery 对象上使用 DOM 对象的属性和方法。

1.13 jQuery 的选择器

jQuery 的选择器的作用就是"选择某个网页元素，然后对其进行某种操作"。使用 jQuery 的第一步，往往是将一个选择表达式放入构造方法 jQuery()（简写为 $），然后得到被选中的元素。

jQuery 的选择器允许对多个元素或单个元素进行操作。jQuery 元素选择器和属性选择器通过标签名、属性名或内容对 HTML 元素进行选择。jQuery 可以使用 CSS 选择器来选取 HTML 元素，也可以使用表达式来选择带有指定属性的元素。

选择表达式可以是 CSS 选择器，例如：

```
$(document)                //选择整个 DOM 对象
$('#myId')                 //选择 id 为 myId 的网页元素
$('div.myClass')           //选择 class 为 myClass 的<div>元素
$('input[name=first]')     //选择 name 属性等于 first 的<input>元素
```

选择表达式也可以是 jQuery 特有的表达式，例如：

```
$('a:first')               //选择网页中的第一个<a>元素
$('tr:odd')                //选择表格的奇数行
$('#myForm:input')         //选择表单中的<input>元素
$('div:visible')           //选择可见的<div>元素
$('div:gt(2)')             //选择除了前 3 个元素的所有<div>元素
$('div:animated')          //选择当前处于动画状态的<div>元素
```

如果选中多个元素，则使用 jQuery 提供的过滤器可以缩小结果集，例如：

```
$('div').has('p')          //选择包含<p>元素的<div>元素
$('div').not('.myClass')   //选择 class 不等于 myClass 的<div>元素
$('div').filter('.myClass') //选择 class 等于 myClass 的<div>元素
$('div').first()           //选择第 1 个<div>元素
$('div').eq(5)             //选择第 6 个<div>元素
```

1.14 jQuery 的链式操作

jQuery 有一种名为链接（Chaining）的技术，允许用户在相同的元素上运行多条 jQuery 命令，并且允许将所有操作连接在一起，以链条的形式写出来。jQuery 会抛掉多余的空格，并按照一行长代码来执行。这样，浏览器就不必多次查找相同的元素。例如，当需链接一个操作时，只需简单地把该操作追加到之前的操作上。

下面的代码用于把 css()、slideUp()、slideDown()链接在一起。此后，"demo"元素会先变为红色，然后向上滑动，再向下滑动。

```
$("#demo").css("color","red").slideUp(2000).slideDown(2000);
```
如果需要，则可以添加多个方法对其进行调用。

小贴士 当进行链接时，代码行的可读性会变得很差。不过，jQuery 在语法上不是很严格，可以使用折行和缩进增强代码的可读性，这样写并不会影响代码的运行结果。

链式操作是 jQuery 最令人称道、最方便的技术之一，它的原理在于每一个 jQuery 操作返回的都是同一个 jQuery 对象，所以不同操作可以连接在一起。

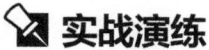 实战演练

【任务 1-1】使用 JavaScript 实现具有手风琴效果的横向焦点图片轮换

【任务描述】

创建网页 0101.html，在该网页中实现具有手风琴效果的横向焦点图片轮换，其外观效果如图 1-2 所示。

图 1-2　具有手风琴效果的横向焦点图片轮换的外观效果

【任务实施】

创建并打开网页 0101.html，在该网页中实现具有手风琴效果的横向焦点图片轮换的 HTML 代码如表 1-1 所示。

表 1-1　实现具有手风琴效果的横向焦点图片轮换的 HTML 代码

序号	程序代码
01	`<div id="demo">`
02	`<ul class="indemo">`
03	`<li class="active">`
04	`<span class="bg0">第一幅图片展示</span><img src="images/img01.jpg" />`
05	`</li>`
06	`<li><span class="bg1">第二幅图片展示</span><img src="images/img02.jpg" /></li>`
07	`<li><span class="bg2">第三幅图片展示</span><img src="images/img03.jpg" /></li>`
08	`<li><span class="bg3">第四幅图片展示</span><img src="images/img04.jpg" /></li>`

续表

序号	程序代码
09	</ul>
10	</div>

网页 0101.html 中主要的 CSS 代码如表 1-2 所示。

表 1-2　网页 0101.html 中主要的 CSS 代码

序号	程序代码	序号	程序代码
01	* {	25	.indemo li.active {
02	padding: 0;	26	width: 550px;
03	margin: 0;	27	}
04	}	28	.indemo span {
05	li {ist-style: none; }	29	width: 21px;
06	body {background: #f6f9fc; }	30	height: 244px;
07	#demo {	31	padding-top: 10px;
08	width: 615px;	32	border-right: 1px solid #fff;
09	height: 254px;	33	position: absolute;
10	border: 1px solid #ccc;	34	top: 0;
11	margin: 5px auto 0;	35	right: 0;
12	overflow: hidden;	36	color: #FFF;
13	}	37	text-align: center;
14	.indemo {	38	cursor: pointer;
15	width: 3300px;	39	font: 12px "宋体";
16	height: 254px;	40	}
17	}	41	.indemo img {
18	.indemo li{	42	width: 550px;
19	width: 22px;	43	height: 254px;
20	height: 254px;	44	}
21	float: left;	45	.bg0 { background: #D0C200; }
22	position: relative;	46	.bg1 { background: #7c0070; }
23	overflow: hidden;	47	.bg2 { background: #3d7fbb; }
24	}	48	.bg3 { background: #5ca716; }

在网页 0101.html 中实现具有手风琴效果的横向焦点图片轮换的 JavaScript 代码如表 1-3 所示。

表 1-3　实现具有手风琴效果的横向焦点图片轮换的 JavaScript 代码

序号	程序代码
01	<script type="text/javascript">
02	window.onload=function ()
03	{
04	createAccordion('demo');
05	};
06	
07	function createAccordion(id)
08	{
09	var oDiv=document.getElementById(id);
10	var iMinWidth=999;
11	var aLi=oDiv.getElementsByTagName('li');
12	var aSpan=oDiv.getElementsByTagName('span');

续表

序号	程序代码
13	var i=0;
14	oDiv.timer=null;
15	for(i=0;i<aSpan.length;i++)
16	{
17	aSpan[i].index=i;
18	iMinWidth=Math.min(iMinWidth, aLi[i].offsetWidth);
19	aSpan[i].onclick=function()
20	{
21	gotoImg(oDiv, this.index, iMinWidth);
22	};
23	}
24	};
25	
26	function gotoImg(oDiv, iIndex, iMinWidth)
27	{
28	if(oDiv.timer)
29	{
30	clearInterval(oDiv.timer);
31	}
32	oDiv.timer=setInterval(function (){
33	changeWidthInner(oDiv, iIndex, iMinWidth);
34	}, 30);
35	}
36	
37	function changeWidthInner(oDiv, iIndex, iMinWidth)
38	{
39	var aLi=oDiv.getElementsByTagName('li');
40	var aSpan=oDiv.getElementsByTagName('span');
41	var iWidth=oDiv.offsetWidth;
42	var w=0;
43	var bEnd=true;
44	var i=0;
45	for(i=0;i<aLi.length;i++)
46	{
47	if(i==iIndex)
48	{
49	continue;
50	}
51	if(iMinWidth==aLi[i].offsetWidth)
52	{
53	iWidth-=iMinWidth;
54	continue;
55	}
56	bEnd=false;
57	speed=Math.ceil((aLi[i].offsetWidth-iMinWidth)/10);
58	w=aLi[i].offsetWidth-speed;
59	if(w<=iMinWidth)
60	{

续表

序号	程序代码
61	w=iMinWidth;
62	}
63	aLi[i].style.width=w+'px';
64	iWidth-=w;
65	}
66	aLi[iIndex].style.width=iWidth+'px';
67	if(bEnd)
68	{
69	clearInterval(oDiv.timer);
70	oDiv.timer=null;
71	}
72	}
73	</script>

　　表 1-3 所示的 JavaScript 代码应用了 JavaScript 的许多语法知识，如变量定义与使用、JavaScript 内置函数、自定义函数的定义与使用、for 循环结构、if 语句、事件、DOM 等。

　　这些代码实现的功能简要说明如下。

　　单击用于图片切换的长条按钮时，调用函数 gotoImg()，该函数用于每隔一定的时间调用函数 changeWidthInner()，changeWidthInner()函数用于改变各图片的宽度，这样便实现了焦点图片轮换的手风琴效果。

【任务 1-2】使用 jQuery 实现动态改变购买数量

【任务描述】

　　人们经常需要在购物网站的购物车页面中改变购买数量，如图 1-3 所示，单击⊞按钮时动态增加购买数量，单击⊟按钮时动态减少购买数量。创建网页 0102.html，编写程序实现在购物车页面中动态改变购买数量的功能。

图 1-3　在购物车页面中动态改变购买数量

【任务实施】

　　创建并打开网页 0102.html，在该网页中动态改变购买数量对应的 HTML 代码如表 1-4 所示。

表 1-4　网页 0102.html 中动态改变购买数量对应的 HTML 代码

序号	程序代码
01	<div class="prod-buychoose">
02	<dl class="pProps" id="choosenum">
03	<dt>购买数量： </dt>
04	<dd id="choose-num"><a class="reduce" id="jian" onclick="reductBuynum()"></a>
05	<input id="buycount" value="1" />
06	<a class="add" id="jia" onclick="addBuynum()"></a>
07	</dd>

续表

序号	程序代码
08	</dl>
09	</div>

网页 0102.html 中实现动态改变购买数量的 JavaScript 代码如表 1-5 所示。

表 1-5　网页 0102.html 中实现动态改变购买数量的 JavaScript 代码

序号	程序代码
01	`<script type="text/javascript">`
02	`function addBuynum(){`
03	`    var s = $("#buycount").val();`
04	`    if(!numcheck(s)) {`
05	`        s=1;`
06	`    }`
07	`    s = Number(s);`
08	`    s = s+1;`
09	`    $("#buycount").val(s);`
10	`    return false;`
11	`}`
12	`function reductBuynum(){`
13	`    var s =$("#buycount").val();`
14	`    if(!numcheck(s)){`
15	`        $("#buycount").val(1);`
16	`        s=1;`
17	`    }`
18	`    s = Number(s);`
19	`    if(s == 1){`
20	`        return;`
21	`    } else {`
22	`        s = s-1;`
23	`    }`
24	`    $("#buycount").val(s);`
25	`    return false;`
26	`}`
27	`function numcheck(ss){`
28	`    var re = /^\+?[1-9][0-9]*$/;`
29	`    var stem = ss.indexOf(".");`
30	`    if(re.test(ss) && stem < 0)`
31	`    {`
32	`        return true;`
33	`    }`
34	`    return false;`
35	`}`
36	`</script>`

表 1-5 所示的 JavaScript 代码应用了 JavaScript 的许多语法知识，如 jQuery 的选择器、jQuery 的文档操作方法 val()、JavaScript 的 String 对象的 indexOf()方法、RegExp 对象的 test()方法、正则表达式、Number 对象、自定义函数的定义与使用、if 语句、if…else…语句、逻辑运算符、事件等。

这些代码实现的功能简要说明如下。

（1）单击⊞按钮时触发 onClick 事件，调用自定义函数 addBuynum()；单击⊟按钮时触发 onClick 事件，调用自定义函数 reductBuynum()。通过 jQuery 的 val()方法返回或设置文本框的值。

（2）自定义函数 numcheck()用于测试输入的数字是否为整数，通过 JavaScript 的 indexOf()方法返回字符串中小数点"."从左至右首次出现的位置，通过 jQuery 的 test()方法检测一个字符串是否匹配某个模式。

（3）在表 1-5 中，第 10 行和第 25 行使用了"return false;"语句，这是为了使浏览器认为用户没有单击按钮。

请读者扫描二维码，进入本模块在线习题，完成练习并巩固学习成果。

在线评测

模块 2
JavaScript 编程基础及应用

　　JavaScript 同其他程序设计语言一样，有关键字、保留字、基本数据类型、运算符和表达式，也有常量、变量的定义与使用方法等，本模块主要介绍这些 JavaScript 的基础知识。

知识启航

2.1 ECMAScript 的关键字与保留字

1. ECMAScript 的关键字

　　JavaScript 语句通常通过某个关键字来标识需要执行的 JavaScript 操作，如关键字 var 标识变量声明，function 标识函数声明。

　　ECMA-262 定义了 ECMAScript 支持的一套关键字（Keyword），根据规定，关键字不能用作变量名或函数名等标识符。表 2-1 所示为 ECMAScript 的关键字。

表 2-1　ECMAScript 的关键字

break	case	catch	continue	debugger*	default
delete	do	else	finally	for	function
if	in	instanceof	new	return	switch
this	throw	try	typeof	var	void
while	with				

　　如果把关键字用作变量名或函数名，则可能得到诸如"Identifier Expected"（应为标识符）这样的错误提示消息。

小贴士

2. ECMAScript 的保留字

　　ECMA-262 定义了 ECMAScript 支持的一套保留字（Reserved Word）。保留字在某种意义上是为将来的关键字而保留的单词，因此保留字也不能被用作变量名或函数名等标识符。

　　ECMA-262 第三版中的保留字如表 2-2 所示。

表 2-2 ECMA-262 第三版中的保留字

abstract	boolean	byte	char	class	const
debugger	double	enum	export	extends	final
float	goto	implements	import	int	interface
long	native	package	private	protected	public
short	static	super	synchronized	throws	transient
volatile					

ECMA-262 第五版在非严格模式下减少了一些保留字，非严格模式下的保留字有 class、const、enum、extends、export、import、super；严格模式下的保留字有 implements、interface、package、public、private、protected、static、yield、let，其中 let 和 yield 是 ECMA-262 第五版新增的。对于 ECMA-262 第三版，如果使用关键字和保留字作为标识符，则会抛出错误。

在 ECMA-262 第五版中，对关键字和保留字的使用规则进行了一点儿修改，虽然同样不可以将关键字和保留字作为变量名、函数名，但是它们可以作为函数的属性名使用。但最好不要用关键字和保留字作为属性名、变量名、函数名，避免以后对使用规则再做改动时代码中产生冲突。除此之外，ECMA-262 第五版对 eval 和 arguments 施加了限制，在严格模式下，这两个单词也不能作为变量名、函数名或属性名，否则将会出错。

2.2 JavaScript 的常量

JavaScript 包括两种类型的值，即字面值和变量值，字面值也称为常量。JavaScript 中的常量主要包括字符串型常量、数字型常量、布尔常量、全局常量和 Infinity 等。

1. 字符串型常量

字符串（String）型常量是使用单引号（''）或双引号（""）标识的一个或几个字符。

空字符串不是 undefined，它既有合法值又有类型。例如：

```
let txt = "";        //值是 ""，类型是字符串型
```

2. 数字型常量

JavaScript 只有一种数值类型，即数字（Number）型。数字型常量是其值不能改变的数据，赋值时可以带小数点，也可以不带小数点。数字型常量不带小数点时为整型常量，可以使用十进制、十六进制、八进制表示其值；带小数点时为实型常量，由整数部分加小数部分表示。

例如：

```
var x = 3.14;    // 带小数点的数字
var y = 3;       // 不带小数点的数字
```

数字型常量也可以使用科学记数法表示。例如：

```
var x = 123e4;   // 1230000
var y = 123e-4;  // 0.0123
```

与许多编程语言不同，JavaScript 不会定义不同类型（如整型、短整型、长整型、浮点型等）的数字。JavaScript 的数字始终以双精度浮点数（64 位）来存储，其中第 1～52 位用于存储数字（底数），第 53～63 位用于存储指数，第 64 位用于存储符号。

3. 布尔常量

布尔（Boolean）常量只有两种值，即 true 或 false，主要用来说明或代表一种状态或标志。

JavaScript 提供了一种布尔型常量，它只接受值 true 或 false。JavaScript 表达式的布尔值是比较运算和条件判断的基础。

（1）布尔值 true。

JavaScript 中所有"真实"值的布尔值为 true，例如，100、3.14、-15、"Hello"、"false"、7 + 1 + 3.14、5＜6。

（2）布尔值 False。

JavaScript 中所有"不真实"值的布尔值为 false。

① 0（零）的布尔值为 false。

例如：

```
var x = 0;
Boolean(x);          // 返回 false
```

② -0（负零）的布尔值为 false。

例如：

```
var x = -0;
Boolean(x);          // 返回 false
```

③ ""（空字符串）的布尔值为 false。

例如：

```
var x = "";
Boolean(x);          // 返回 false
```

④ undefined 的布尔值是 false。

例如：

```
var x;
Boolean(x);          // 返回 false
```

⑤ null 的布尔值是 false。

例如：

```
var x = null;
Boolean(x);          // 返回 false
```

⑥ NaN 的布尔值是 false。

例如：

```
var x = 10 / "H";
Boolean(x);          // 返回 false
```

⑦ false 的布尔值是 false。

```
var x = false;
Boolean(x);          // 返回 false
```

⑧ 布尔值也可以通过关键字 new 作为对象来定义。

例如：

```
var x = false;                  // typeof x 返回布尔值
var y = new Boolean(false);     // typeof y 返回对象
```

建议不要创建 Boolean 对象，因为它会拖慢代码的执行速度。此外，new 关键字会使代码复杂化，可能会产生某些意想不到的结果。

4. 全局常量

NaN 是 JavaScript 的全局常量，表示非数字（Not a Number），其表示某个值不是合法数字，但其本身的数据类型是数字型，typeof NaN 返回数字，例如：

```
alert(typeof NaN);       //显示为 number
```

NaN 不等于其自身，例如：

```
alert(NaN == NaN);       //显示为 false
```

实际上 NaN 不等于任何东西，要确认是不是 NaN 只能使用 isNaN()，例如：

```
alert(isNaN(NaN)) ;    //显示为 true
```

若尝试用一个非数字字符串进行除法运算，则会得到 NaN，例如：

```
var x = 100 / "len";    // x 将是 NaN
isNaN(x);               //返回 true，因为 x 不是数字
```

若字符串只包含数字，则除法运算的结果将是数字，例如：

```
var x = 100 / "10";    // x 将是 10
```

若在数学表达式中使用了 NaN，则运算结果也将是 NaN，例如：

```
var x = NaN;
var y = 5;
var s = x + y;          // s 将是 NaN
```

5. Infinity

Infinity（或-Infinity）是 JavaScript 在计算数值，且结果超出最大（或最小）可能数值范围时返回的值。Infinity 的数据类型是数字型，typeof Infinity 返回 number。

除以 0（零）也会生成 Infinity，例如：

```
var x =  2 / 0;         // x 将是 Infinity
var y = -2 / 0;         // y 将是-Infinity
```

6. ES6 的常量声明

ES6 引入了新的 JavaScript 关键字：const，用于在块作用域（Block Scope）中声明常量，该常量只在块作用域内有效。

使用 const 声明的常量值不能再改变，即不能再做声明。例如：

```
const PI = 3.1415926;
PI = 3.14 ;        // 会出错
PI = PI + 10 ;     // 也会出错
```

① 块作用域。

在块作用域内使用 const 声明的常量只在局部（即块作用域内）起作用。例如，以下代码中，在块中声明的 num 不同于在块外声明的 num。

```
var num = 2 ;
// 此处，num 为 2
{
  const num = 3 ;
  // 此处，num 为 3
}
// 此处，num 为 2
```

② 在声明时赋值。

使用 JavaScript 的 const 声明的常量必须在声明时赋值。例如：

```
const PI = 3.1415926 ;
```

以下声明是错误的：

```
const PI;
PI = 3.1415926;
```

关键字 const 有一定的误导性，它并没有声明常量值，只是声明了对值的常量引用，并且常量一经声明后，不可再修改。

因此，不能更改常量原始值，也无法重新为常量对象赋值，但可以更改常量对象的属性。例如：

```
// 可以创建 const 对象
```

```
const person = { name:"张山", sex:"男", age:"19" } ;
// 可以更改属性
person.age = "20";
// 可以添加新属性
person.nativePlace = "上海";
```

在程序开发中，希望有些常量声明后在业务层中就不再发生变化，此时也可以使用 const 来声明。例如：

```
const name = 'admin';    //声明常量
```

2.3 JavaScript 的变量

1. 变量的概念与命名

变量是内存中存取数据值的容器。例如：

```
var name="李明";        //创建名为 name 的变量，并为其赋值"李明"
var x=2;
var y=3;
var z=x+y;
```

在 JavaScript 中，可以用字母或单词表示变量名。

JavaScript 中的变量可用于存放常量的值（如 x=2）和表达式的值（如 z=x+y）。

变量可以使用短名称（如 x 和 y），也可以使用描述性更好的名称（如 name、age、sum、total、volume）。

变量的命名规则如下。

（1）变量名必须以字母开头，后面的字符可以为字母、数字、下画线（ _ ）和美元符号（ $ ），变量名称不能有空格、+、−等字符。JavaScript 变量的名称允许以美元符号和下画线开头，但不推荐这样做。

（2）变量名对字母大小写敏感（如 num 和 Num 是不同的变量名），JavaScript 语句和 JavaScript 变量都对字母大小写敏感。

（3）JavaScript 的关键字、保留字都不能用作变量名。

2. JavaScript 变量的声明与赋值

（1）单个变量的声明与赋值。

在 JavaScript 中创建变量通常称为"声明"变量。

可以使用 var 关键字来声明变量。例如：

```
var name;
```

变量声明之后，变量是空的，此时它没有值。

使用赋值运算符（=）可以为变量赋值。例如：

```
name="李明";
```

也可以在声明变量时为其赋值。例如：

```
var name="李明";
```

该语句表示创建名为 name 的变量，并为其赋值"李明"。

小贴士

一个好的编程习惯是，在代码开始处，统一对需要的变量进行声明。

（2）多个变量的声明与赋值。

可以在一条语句中声明多个变量。该语句以 var 开头，并使用逗号分隔变量。

例如：

```
var name="李明" , age=26 , job="程序员" ;
```

多个变量的声明也可跨多行。例如：

```
var name="李明",
    age=26,
    job="程序员" ;
```

（3）声明无值的变量。

声明变量时可以只用 var 声明无值的变量。对于无值的变量，其值实际上是 undefined。

在执行过以下语句后，变量 name 的值将是 undefined。

```
var name ;
```

（4）重复声明 JavaScript 变量。

如果重复声明 JavaScript 变量，则该变量的值不会丢失。

在以下两条语句执行后，变量 name 的值依然是"李明"。

```
var name="李明" ;
var name ;
```

由于 JavaScript 的变量是弱类型的，可以将变量初始化为任意值，因此，可以随时改变变量所保存数据的类型，但应尽量避免这样做。

3. JavaScript 变量类型的声明

声明新变量时，可以使用关键字 new 来声明其类型。例如：

```
var name=new String ;
var x= new Number ;
var y= new Boolean ;
var color= new Array ;
var book= new Object ;
```

JavaScript 变量均为对象，当声明一个变量后，就创建了一个新的对象。

4. ES6 的变量声明

ES6 还引入了另一个重要的 JavaScript 新关键字：let，用于在 JavaScript 中声明块作用域变量。

（1）let 的主要作用。

let 的主要作用如下。

① 禁止重复声明。

② 支持块作用域。

③ 控制随意修改。

（2）let 和 var 声明变量的主要区别。

let 和 var 声明变量的主要区别如下。

① let 声明的变量只在 let 所在的代码块内有效，而 var 声明的变量在全局范围内有效。

② let 不能重复声明变量，但是可以修改变量，而 var 可以重复声明变量，但是会覆盖之前已经声明的变量。

③ var 声明变量时存在变量提升，也就是在声明变量之前就可以使用该变量。而使用 let 时，变量必须先声明再使用。

④ 使用 var 声明的变量可以重复声明、没有块作用域的限制。

（3）使用 var 声明全局变量。

var 是 variable 的缩写，用于声明全局变量。

通过 var 关键字声明的变量没有块作用域的限制，在代码块内声明的变量，可以在代码块之外进行访问。先分析以下代码：

```
{
    var num = 2;
}
console.log(num);    //这里的 num 指的是代码块中的 num
```

上述代码的输出结果为 2。因为 var 声明的是全局变量，所以即使是在块内声明的变量，仍然会在全局范围内起作用。在 ES6 之前，JavaScript 是没有块作用域的。

再来分析以下这段代码：

```
var x = 2;
// 此处 x 的值为 2
    {
        var x = 3;
        // 此处 x 的值为 3
    }
    console.log(x);    //这里的 x 指的是代码块中的 x
    // 此处 x 的值为 3
```

上述代码的输出结果为 3，因为 var 是全局声明的，在块内重新声明的变量也将覆盖块外声明的变量。因此，使用 var 声明的变量，有时候会"污染" JavaScript 代码的整个作用域，造成变量值不确定。

（4）使用 let 声明局部变量。

可以使用 let 关键字声明拥有块作用域的变量。在块内声明的变量无法从块外访问。例如：

```
{
    let x = 3;
}
// 此处不可以使用 x
```

使用 let 关键字重新声明的变量不会覆盖块外声明的变量。

分析以下代码：

```
var x = 2;
    {
        let x = 3;
    }
console.log(x);
```

上述代码的输出结果为 2，因为使用 let 声明的变量只在局部（块作用域内）起作用。

let 还具有防止数据污染的功能。

我们来分析下面这个 for 循环的经典示例。

① 使用 var 声明变量。

例如：

```
for (var i=0; i<10; i++) {
    // 每循环一次，就会在 for 循环的块作用域中重新声明一个新的 i
    console.log('循环体中:' + i);
}
console.log('循环体外:' + i);
```

执行上述代码可以正常输出结果，且最后一行的输出结果是 10。这说明循环体内声明的变量 i 是在全局范围内起作用的。

② 使用 let 声明变量。

例如：

```
for (let i=0; i<10; i++) {
    console.log('循环体中:' + i);
}
console.log('循环体外:' + i);
```

执行上述代码的最后一行时无法输出结果，也就是说输出会出错。因为使用 let 声明的变量 i 只在块作用域内生效。

总之，我们要习惯使用 let 声明变量，减少使用 var 声明带来的全局空间命名污染。

需要说明的是，当声明了 let x=2 后，如果在同一个作用域内继续声明 let x=3，则系统是会报错的。

2.4 JavaScript 的数据类型

JavaScript 的基本数据类型主要有字符串型、数字型、布尔型、undefined、null 等。本节主要介绍 JavaScript 的基本数据类型。

JavaScript 具有动态类型的特点，这意味着相同的变量可采用不同的类型。例如：

```
var x  ;            // x 为 undefined
x = 26 ;            // x 为数字型
x = "Good" ;        // x 为字符串型
```

1. 字符串型

JavaScript 的字符串是指一串字符，即带引号（单引号或双引号）的任意文本。例如：

```
var name="Good";
var name='Good';
```

可以在字符串内使用引号，但字符串内使用的引号必须不同于包围字符串的引号。

2. 数字型

JavaScript 只有一种数字型，其中数字可以带小数点，也可以不带小数点。例如：

```
var x1=34.00 ;   // 使用小数点
var x2=34 ;      // 不使用小数点
```

较大或较小的数字可以使用科学记数法（指数形式）来书写。例如：

```
var y=123e5;   // 12300000
var z=123e-5;  // 0.00123
```

JavaScript 与其他编程语言不同，JavaScript 没有定义多种类型（如整型、短整型、长整型、浮点型等）的数字。JavaScript 中所有数字均为 64 位。

JavaScript 会把前缀为 0x 的数字型常量解释为十六进制数，把前缀为 0 的数字型常量解释为八进制数。例如：

```
var y=0377;
var z=0xFF;      // 值将是 255
```

> **说明** 绝不要在数字前面写 0，如"07"，除非需要进行八进制转换。

默认情况下，JavaScript 把数字显示为十进制小数。可以使用 toString()方法把数值输出为十六进

制数、八进制数或二进制数。例如:

```
var myNumber = 128 ;
myNumber.toString(16) ;        // 返回 80
myNumber.toString(8) ;         // 返回 200
myNumber.toString(2) ;         // 返回 10000000
```

3. 布尔型

JavaScript 的布尔(逻辑)型数据只能有两个值: true 或 false。布尔值常用于条件判断中。例如:

```
var t=true ;
var f=false ;
```

Boolean 对象用于将非布尔值转换为布尔值(true 或者 false),使用关键字 new 来定义 Boolean 对象。

下述代码定义了一个名为 myBoolean 的 Boolean 对象。

```
var myBoolean=new Boolean() ;
```

 如果 Boolean 对象无初始值或者其值为 0、-0、null、""、false、undefined 或者 NaN,那么布尔对象的值为 false;否则,其值为 true。即使变量的值为字符串"false",其值也为 true。

4. undefined

在 JavaScript 中,undefined 表示变量没有值。对这种变量使用 typeof 也会返回 undefined。例如:

```
var num ;                      // 值是 undefined
typeof  num ;                  // 类型是 undefined
```

任何变量均可通过设置值为 undefined 进行清空,其类型也将是 undefined。例如:

```
var price=3.6 ;
price = undefined;             // 值是 undefined,类型也是 undefined
```

undefined 与 null 的值相等,但类型不同。例如:

```
typeof undefined              // undefined
typeof null                   // object
null === undefined            // false
null == undefined             // true
```

5. null

在 JavaScript 中,null 可以理解为"nothing",它被看作不存在的东西,可以理解为对象占位符。如果试图引用没有定义的变量,则返回 null。

在 JavaScript 中,null 的数据类型是对象。例如:

```
var num=null;                  // 值是 null
typeof  num ;                  // 类型是 object
alert(typeof null);            // 显示为 object
```

尽管表达式"typeof null"的值为 object,但 null 并不被认为是对象实例。要知道,JavaScript 中的值都是对象实例,每个数字都是 Number 对象。因为 null 表示没有值,所以 null 不是实例。例如:

```
alert(null instanceof Object); //显示为 false
```

可以通过将变量的值设置为 null 来清空变量。例如:

```
var num=2 ;
num=null ;
```

2.5 typeof 运算符与数据类型的检测

JavaScript 中有 5 种可以包含值的数据类型，即 string、number、boolean、object、function；有 6 种类型的对象，即 Object、Date、Array、String、Number、Boolean；还有 2 种不能包含值的数据类型，即 null、undefined。

JavaScript 可以使用 typeof 运算符来检测 JavaScript 变量或表达式的数据类型。

1. 检测基本数据类型

typeof 运算符可以返回以下基本数据类型之一：

string、number、boolean、undefined。

📖【示例 2-1】demo0201.html

代码如下：

```
typeof ""              // 返回 string
typeof "Good"          // 返回 string
typeof 0               // 返回 number
typeof 314             // 返回 number
typeof 3.14            // 返回 number
typeof (7)             // 返回 number
typeof (7 + 8)         // 返回 number
typeof NaN             // 返回 number，NaN 的数据类型是数字型
typeof true            // 返回 boolean
typeof false           // 返回 boolean
typeof num             // 返回 undefined （假如 num 没有被赋值）
```

2. 检测引用类型和 null

typeof 运算符检测为对象、数组或 null 时，返回 object。ypeof 运算符检测为函数时，不会返回 object。

📖【示例 2-2】demo0202.html

代码如下：

```
typeof {name:'安静', age:20}    // 返回 object
typeof [1,2,3,4]                // 返回 object(并非 array)，数组的数据类型是对象
typeof new Date()              // 返回 object，日期的数据类型是对象
typeof null                    // 返回 object，null 的数据类型是对象
typeof function myFunc(){ }    // 返回 function
```

> **typeof 运算符检测数组时会返回 object，因为在 JavaScript 中数组的数据类型是对象。**

未定义变量的数据类型是 undefined，未赋值的变量的数据类型也是 undefined。

使用 typeof 关键字无法确定 JavaScript 对象是否为数组或日期。

typeof 运算符并不是变量，它只是一个运算符，不采用任何数据类型。但是，typeof 运算符总是返回字符串（包含操作数的类型）。

2.6 JavaScript 数据类型的转换

JavaScript 变量能够被转换为另一种数据类型的变量，转换方式主要有两种，一种是通过使用 JavaScript 函数进行转换，另一种是通过 JavaScript 本身自动进行转换。

1. 把数字转换为字符串

（1）使用全局方法 String()把数字转换为字符串

全局方法 String()可用于数字、文本、变量或表达式。例如：

```
String(x)              // 根据变量 x 返回字符串
String(123)            // 根据文本 123 返回字符串
String(100 + 23)       // 根据表达式返回字符串
```

（2）使用数字方法把数字转换为字符串。

数字方法 toString()可以把数字转换为字符串。例如：

```
x.toString()
(123).toString()
(100 + 23).toString()
```

除了 toString()，以下几种方法也可以将数字转换为字符串。

① toExponential()方法：返回字符串，对数字进行舍入，并使用科学记数法表示。

② toFixed()方法：返回字符串，对数字进行舍入，并使用指定位数的小数表示。

③ toPrecision()方法：返回字符串，把数字表示为指定长度的数据。

2. 把布尔值转换为字符串

全局方法 String()能够将布尔值转换为字符串。例如：

```
String(false)       // 返回 false
String(true)        // 返回 true
```

布尔方法 toString()也能够将布尔值转换为字符串。例如：

```
false.toString()    // 返回 false
true.toString()     // 返回 true
```

3. 把日期数据转换为字符串

全局方法 String()可以将日期数据转换为字符串。例如：

```
String(Date())
```

日期方法 toString()也可以将日期数据转换为字符串。例如：

```
Date().toString()
```

4. 把字符串转换为数字

全局方法 Number()可以把字符串转换为数字，包含以下多种情况。

① 将数字字符串转换为数字型数据，如将"3.14"转换为 3.14。

② 将空字符串转换为 0。

③ 将其他字符串转换为 NaN。

示例编程

📖 【示例 2-3】demo0203.html

代码如下：

```
Number("3.14")     // 返回 3.14
Number(" ")        // 返回 0
Number("")         // 返回 0
Number("99 88")    // 返回 NaN
```

以下方法也可以将字符串转换为数字。

① parseFloat()用于解析字符串并返回浮点数。

② parseInt()用于解析字符串并返回整数。

5. 一元 "+" 运算符

一元 "+" 运算符可用于把变量转换为数字。例如：

```
var x = "5";      // x 是字符串
var y = + x;      // y 是数字
typeof y          // 变量 y 的类型为数字型
```

如果无法转换变量，则变量仍为数字型，但是其值为 NaN。例如：

```
var x = "!";      // x 是字符串
var y = + x;      // y 是数字，其值为 NaN
typeof y          // 变量 y 的类型为数字型
```

6. 把布尔值转换为数字

全局方法 Number()可以把布尔值转换为数字。例如：

```
Number(false)    // 返回 0
Number(true)     // 返回 1
```

7. 把日期数据转换为数字

全局方法 Number()可以把日期数据转换为数字。例如：

```
d = new Date();
Number(d)
```

日期方法 getTime()可以把日期数据转换为数字。例如：

```
d = new Date();
d.getTime()
```

8. 自动类型转换

如果 JavaScript 尝试操作一种"错误"类型的数据，则它会试图将该数据转换为"正确"类型的数据。当然，其结果并不总是如人所愿。

例如：

```
5 + null      // 返回 5（因为 null 被转换为 0）
"5" + null    // 返回 "5null"（因为 null 被转换为 "null"）
"5" + 2       // 返回 52（因为 2 被转换为 "2"）
"5" – 2       // 返回 3（因为 "5" 被转换为 5）
"5" * "2"     // 返回 10（因为 "5" 和 "2" 被分别转换为 5 和 2）
```

2.7 字符串的基本操作

下面介绍常用的字符串的基本操作。

1. 字符串拼接与模板字符串

字符串拼接的传统写法示例如下。

```
let data = {
    title: '标题',
    content: '内容文字'
};
let divHtml = '<div>'
```

```
    +'<span class="title">' + data.title + '</span>'
    +'<span class="content">' + data.content + '</span>'
  +'</div>';
```

这种写法比较烦琐，并且容易出错。

ES6 中新增了模板字符串（Template String），用反引号（" ）标识，并且支持换行、${ 变量 }。模板字符串是增强版的字符串，它可以当作普通字符串使用，也可以用来定义多行字符串，或者在字符串中嵌入变量。

在模板字符串中嵌入变量的字符串拼接示例如下。

```
let data = {
    title: '标题',
    content: '内容文字'
};
let divHtml = `<div>
        <span class="title">${ data.title }</span>
        <span class="content">${ data.content }</span>
      </div>`;
```

小贴士

这里多行字符串使用了反引号（【 ` 】键在【Tab】键的上方）标识，花括号前还有$。

2. 字符串的典型方法

在 ES6 发布之前，JavaScript 中只有 indexOf()方法可用来确定一个字符串是否包含在另一个字符串中。现在，includes()、startsWith()、endsWith()这 3 种方法也能够实现类似功能。

（1）includes(str)：判断是否包含指定的字符串。

（2）startsWith(str)：判断是否以指定字符串开头。

（3）endsWith(str)：判断是否以指定字符串结尾。

例如：

```
var str = "Hello JavaScript!";
str.includes("o")          // true
str.startsWith("Hello")    // true
str.endsWith("!")          // true
```

这 3 种方法都支持使用第 2 个参数，第 2 个参数表示开始匹配的位置。

2.8 JavaScript 的运算符与表达式

运算符也称为操作符，JavaScript 常用的运算符有：算术运算符（包括+、-、*、/、%、++、--等）、比较运算符（包括<、<=、>、>=、==、!=等）、逻辑运算符（包括&&、||、!等）、赋值运算符（包括 = ）、条件运算符（包括? :等）以及其他类型的运算符。

表达式是运算符和操作数的组合，通过求值运算来确定其值，这个值是操作数实施运算所确定的结果。表达式是以运算符为基础的。表达式可以分为算术表达式、赋值表达式、连接表达式、比较表达式、逻辑表达式、条件表达式等。

JavaScript 的表达式可以包含常量与运算符。例如：

```
6 * 25
```

表达式也可包含变量、常量与运算符。例如：

x * 25

表达式的计算结果即表达式的值，值可以是多种类型的，如数字和字符串。

1. JavaScript 的算术运算符与表达式

算术运算符用于执行变量或数字之间的算术运算，JavaScript 使用算术运算符来计算值。算术表达式由算术运算符与操作数组成，例如：

(7 + 8) * 10 ;

这里给定 x=5，JavaScript 的算术运算符及示例如表 2-3 所示。

表 2-3　JavaScript 的算术运算符及示例

运算符	描述	示例	运算结果
+	加	y=x+2	7
–	减	y=x-2	3
*	乘	y=x *2	10
/	除	y=x /2	2.5
%	求余数（保留整数）	y=x %2	1
++	累加	y =++x	6
		y=x++	5
––	递减	y=–– x	4
		y=x––	5
**	求幂（ES7 新增的运算符）	y=x ** 2	25

对于算术表达式 200+50*2，是先计算加法（+），还是先计算乘法（*）呢？这涉及算术运算符的优先级，由于乘法比加法有更高的优先级，显然先计算乘法，后计算加法，因此该算术表达式的计算结果为 300。

算术运算符的优先级描述了在算术表达式中所执行操作的顺序，JavaScript 算术运算符的优先级如表 2-4 所示。

表 2-4　JavaScript 算术运算符的优先级

优先级顺序	运算符	说明	实例
1	( )	圆括号	(3 + 4)
2	++	后缀累加	i++
	––	后缀递减	i--
3	++	前缀累加	++i
	––	前缀递减	--i
4	**	求幂	10 ** 2
5	*	乘	10 * 5
	/	除	10 / 5
	%	求余数	10 % 5
6	+	加	10 + 5
	–	减	10 - 5

从表 2-4 中可以看出：乘法（*）和除法（/）比加法（+）和减法（-）拥有更高的优先级，当多个运算（如加法和减法）拥有相同的优先级时，计算顺序是从左向右。当使用圆括号 "()" 时，圆括号中的运算会先被执行，也就是说，圆括号具有最高的优先级。

2. JavaScript 的赋值运算符与表达式

赋值运算符用于给 JavaScript 变量赋值，赋值表达式由赋值运算符与操作数组成。例如：

```
var x = 7;
var y = 8;
```

在 JavaScript 中，等号 "=" 是赋值运算符，而不是 "等于" 运算符，JavaScript 中的 "等于" 运算符是 "=="。这一点与代数不同。

下述的代码在代数中是不合理的：

```
x = x + 5
```

然而，在 JavaScript 中，它却是合理的，即把 x + 5 的值赋给 x，表示计算 x+5 的值并把结果放入 x 中，x 的值递增 5。

这里给定 x=5 和 y=10，JavaScript 的赋值运算符及示例如表 2-5 所示。

表 2-5 JavaScript 的赋值运算符及示例

运算符	示例	等价于	结果	说明
=	y=x		5	为变量赋值
+=	y+=x	y=y+x	15	为变量值加上一个值
-=	y-=x	y=y-x	5	为变量值减去一个值
*=	y *=x	y=y*x	50	与变量值相乘
/=	y/=x	y=y/x	2	与变量值相除
%=	y %=x	y=y%x	0	把余数赋值给变量

3. JavaScript 的连接运算符与表达式

"+" 运算符还可以用于把文本值或字符串变量连接起来。如果需要把两个或多个字符串变量连接起来，则可以使用 "+" 运算符。连接表达式由连接运算符与操作数组成。

（1）连接两个字符串变量。

例如：

```
var txt1="What a very";
var txt2="nice day";
txt3=txt1+txt2;
```

在以上语句执行后，变量 txt3 的值是"What a very nice day"。

（2）在字符串中添加空格。

若想在两个字符串之间增加空格，则需要把空格插入一个字符串之中。例如：

```
txt1="What a very " ;
```

或者把空格插入表达式中。例如：

```
txt3=txt1+" "+txt2 ;
```

在以上语句执行后，变量 txt3 的值均为"What a very nice day"。

（3）连接字符串与字符串变量。

使用 "+" 运算符也可以对字符串与字符串变量进行连接运算。

示例编程

📖【示例 2-4】demo0204.html

代码如下：

```
var name="云朵" ;
var info="欢迎" + name + "登录" ;
document.write(info) ;        // 输出结果为"欢迎云朵登录"
```

（4）连接字符串和数字。

对字符串和数字进行连接运算的规则如下：把数字与字符串相连，结果仍为字符串。

例如：

```
x=5+"6" ;
document.write(x) ;        // 运算结果为 56
document.write(typeof x) ; // 变量 x 的数据类型为字符串型
x="5"+6 ;
document.write(x) ;        // 运算结果为 56
document.write(typeof x) ; // 变量 x 的数据类型为字符串型
```

4. JavaScript 的比较运算符与表达式

比较运算符用于确定变量或它们的值之间的关系。比较表达式由比较运算符与操作数组成。在比较表达式中使用比较运算符时，通过比较变量或它们的值来计算出表达式的值是 true 还是 false。

这里给定 x=5，JavaScript 的比较运算符及示例如表 2-6 所示。

表 2-6　JavaScript 的比较运算符及示例

运算符	描述	示例	运算结果
==	等于（弱等于）	x==8	false
		x == 5	true
!=	不等于	x!=8	true
===	全等（值相等且类型相同）	x ===5	true
		x ==="5"	false
!==	不等于或不同类型	x!==5	false
		x !== "5"	true
		x !== 8	true
>	大于	x >8	false
<	小于	x <8	true
>=	大于或等于	x >=8	false
<=	小于或等于	x <=8	true

可以在条件语句中使用比较运算符对值进行比较，然后根据结果执行不同的语句。例如：

```
if (hour < 12) document.write("上午好!") ;
```

小贴士　在 JavaScript 程序中对两个不同类型的值进行比较时，首先会将其弱化成相同的类型，例如，将 false、undefined、null、0、""、NaN 都弱化成 false。这种强制转换并不是一直存在的，只有出现在表达式中时才存在。

例如：

```
var someVar =0 ;
alert(someVar == false) ;   // 显示为 true
```

5. JavaScript 的逻辑运算符与表达式

逻辑运算符用于测定变量或值之间的逻辑关系，测定结果为 true 或 false。逻辑表达式由逻辑运算符与操作数组成。

这里给定 x=6 及 y=3，JavaScript 的逻辑运算符及示例如表 2-7 所示。

表 2-7　JavaScript 的逻辑运算符及示例

运算符	描述	示例	运算结果
&&	与（and）	(x < 10 && y > 1)	true
||	或（or）	(x==5 || y==5)	false
!	非（not）	!(x==y)	true

6. JavaScript 的条件运算符与表达式

JavaScript 包含基于某些条件对变量进行赋值的条件运算符，条件表达式由条件运算符与操作数组成。

其语法格式如下。

```
variablename=(condition) ? value1 : value2
```

例如：

```
tax=( salary>1500 ) ? 1 : 0 ;
```

上述代码表示如果变量 salary 的值大于 1500，则向变量 tax 赋值 1，否则赋值 0。

条件运算符（ ? : ）是一个三元运算符，条件表达式由 2 个符号和 3 个操作数组成，两个符号分别位于 3 个操作数之间。第 1 个操作数是布尔值，通常由一个表达式计算而来，第 2 个操作数和第 3 个操作数可以是任意类型的数据，或者是任何形式的表达式。条件表达式的运算规则如下：如果第 1 个操作数为 true，那么条件表达式的值就是第 2 个操作数的值；如果第 1 个操作数是 false，那么条件表达式的值就是第 3 个操作数的值。

对于条件表达式 "typeof(x)=='string' ? eval(x) : x"，如果 typeof(x)（圆括号可以省略）的返回值是 string，则条件表达式的值就是 eval(x)。当 x 是字符串时，将 x 当作表达式进行处理，条件表达式的值为表达式的计算结果；否则直接将变量 x 的值作为条件表达式的值。

7. JavaScript 的类型运算符

（1）typeof。

typeof 用于返回变量的类型。例如：

```
typeof 3.14   //返回 number
```

（2）instanceof。

instanceof 用于检查某个实例是否是由某个类或其子类实例化出来的，这里所说的类是 ES6 的说法，ES5 中没有类。实际上，ES5 的做法是使用某些方法作为构造方法来扮演类的角色。

其语法格式如下。

```
object instanceof constructor
```

其中，object 表示实例，也就是要检查的对象；constructor 表示构造方法。其返回值为 true 或 false，如果 object 是 constructor 的实例，则返回 true。

以下代码为使用 ES5 语法实现的示例。

```
var funcA = function() { };
var insA = new funcA();
document.write(insA instanceof funcA);   //输出结果为 true
```

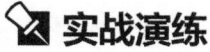
实战演练

【任务 2-1】实现动态加载网页内容

【任务描述】

创建网页 0201.html，编写 JavaScript 程序，实现网页底部导航栏并展示版权信息，其外观效果如图 2-1 所示。

联系我们 ｜ 网站地图 ｜ 旅游调查 ｜ 用户留言 ｜ 设为首页 ｜ 收藏本站
旅游网 版权所有 Copyright 2023-2035 © ××工作室

图 2-1　网页底部导航栏与展示版权信息的外观效果

【任务实施】

创建并打开网页 0201.html，编写 JavaScript 程序，实现网页底部导航栏并展示版权信息。图 2-1 所示的网页底部导航栏与版权信息可以采用 HTML 代码实现，对应的 HTML 代码如表 2-8 所示；也可以采用 JavaScript 代码实现，对应的 JavaScript 代码如表 2-9 所示。

表 2-8　实现网页底部导航栏并展示版权信息的 HTML 代码

序号	程序代码
01	\<div id="innerWrapper"\>
02	\<div id="ly-footer"\>
03	联系我们\ |\ 网站地图\ |\ 旅游调查\ | \
04	用户留言\ |\ 设为首页\ |\ 收藏本站\<br\>
05	旅游网 版权所有 Copyright 2023-2035 © ××工作室\>
06	\</div\>
07	\</div\>

表 2-9　实现网页底部导航栏并展示版权信息的 JavaScript 代码

序号	程序代码
01	\<div id="innerWrapper"\>
02	\<div id="ly-footer"\>
03	\<script language="JavaScript" type="text/javascript"\>
04	\<!--
05	var footerContent ;
06	footerContent = "联系我们　|　网站地图　|　旅游调查　|";
07	footerContent += "用户留言　|　设为首页　|　收藏本站\<br\>";
08	footerContent += " 旅游网 版权所有 Copyright 2023-2035 © ××工作室";
09	document.write(footerContent) ;
10	// --\>
11	\</script\>
12	\</div\>
13	\</div\>

表 2-9 中的代码解释如下。

（1）JavaScript 程序必须置于\<script\>与\</script\>标签中。

（2）04 行的符号 "\<!--" 和 10 行的符号 "//--\>" 针对不支持脚本程序的浏览器，用于忽略其间的脚本程序。

（3）05~09 行共有 5 条语句，每一条语句都以 ";" 结束。这些语句都按其出现的先后顺序执行，即程序结构为顺序结构。

（4）05 行为声明变量语句：声明 1 个变量，变量名为 footerContent。

（5）06 行为变量赋值语句：将一个字符串型常量赋值给变量 footerContent，赋值运算符为 "="。

（6）07、08 行都是赋值语句，使用的是复合赋值运算符 "+="，即将两个字符串连接后重新赋值给变量 footerContent。

（7）09 行使用 document()对象的 write()方法向网页中输出变量 footerContent 的值，即输出一个字符串，该 JavaScript 语句会在页面加载时执行。

小贴士

使用 document. write () 可以将字符串直接写入 HTML 输出流中，但只能在文档加载时使用 document. write ()。如果在文档加载后使用该方法，则新传入的字符串会覆盖整个文档。

（8）JavaScript 区分字母的大小写。在同一个程序中使用大写字母和小写字母有不同的意义，不能随意将大写字母写成小写字母，也不能随意将小写字母写成大写字母。例如，05 行中声明的变量 footerContent，其名称的第 7 个字母为大写"C"，在程序中使用该变量时，该字母必须统一写成大写"C"，而不能写成小写"c"。如果声明变量时，变量名为"footercontent"，全为小写字母，则在程序中使用该变量时，也不能将任意字母写成大写字母。也就是说，使用变量时的名称应与声明变量时的名称完全一致。

小贴士

在程序中使用 JavaScript 的 document 对象时，"document"全部为小写字母，而不能写成"Document"，否则系统会由于不能识别"Document"而出现错误。

【任务 2-2】实现文本围绕鼠标指针旋转

【任务描述】

创建网页 0202.html，在该网页中实现文本围绕鼠标指针旋转的效果，在 Edge 浏览器中浏览该网页，其外观效果如图 2-2 所示。

图 2-2　文本围绕鼠标指针旋转的外观效果

【任务实施】

创建并打开网页 0202.html，在该网页中编写程序，实现所需的功能。
spanstyle 类的属性定义如下。

```
.spanstyle
{
    position:absolute;visibility:visible;
    top:50px;
    font-size:10pt;
    font-family:Verdana;
    color:#ff0000;
}
```

实现文本围绕鼠标指针旋转效果的 JavaScript 代码如表 2-10 所示。

表 2-10　实现文本围绕鼠标指针旋转效果的 JavaScript 代码

序号	程序代码
01	`<script>`
02	`<!--`
03	`var number=6;`
04	`var step=5;`
05	`var radius=50;`
06	`var x,y;`
07	`var timer;`
08	`const pi=Math.PI;`
09	`function round()`
10	`{`
11	`  let hudusu=step;`
12	`  for (let i=1;i<=number;i++)`
13	`  {`
14	`    let thisspan;`
15	`    thisspan=eval("document.all.span"+(i)+".style;");`
16	`    thisspan.posLeft=radius*Math.cos(hudusu*pi/180)+x;`
17	`    thisspan.posTop=radius*Math.sin(hudusu*pi/180)+y;`
18	`    hudusu=hudusu+360/number;`
19	`  }`
20	`  step=step+5;`
21	`  timer=setTimeout("round()",50);`
22	`}`
23	
24	`function mouseMove()`
25	`{`
26	`  clearTimeout(timer);`
27	`  x=event.clientX;`
28	`  y=event.clientY;`
29	`  round();`
30	`}`
31	`document.onmousemove=mouseMove;`
32	`for (let i=1;i<=number;i++)`
33	`{`
34	`  document.write("<span id='span"+(i)+"' class='spanstyle'>");`
35	`  document.write("☆");`
36	`  document.write("</span>");`
37	`}`
38	`-->`
39	`</script>`
40	

表 2-10 所示的 JavaScript 代码涉及 JavaScript 的许多语法知识，如变量定义与使用、常量定义与使用、JavaScript 内置函数、自定义函数的定义与使用、for 循环、事件、DOM 等。这些代码实现的功能说明如下。

（1）在页面中输入指定数量的文本，且设置其样式属性。

（2）当触发 document.onmousemove 事件时，调用函数 mouseMove()。

（3）函数 mouseMove()会先清除前一次的计时效果，获取鼠标指针的当前位置，再调用函数 round()。

（4）函数 round()通过调用 setTimeout()函数，实现每隔一定的时间改变文本位置，从而产生文本围绕鼠标指针旋转的效果。

在线评测

请读者扫描二维码，进入本模块在线习题，完成练习并巩固学习成果。

模块 3
JavaScript 流程控制及应用

JavaScript 的基本流程控制语句包括条件语句和循环语句两种类型，本模块将详细介绍与应用这些基本流程控制语句。

 **知识启航**

3.1 JavaScript 的条件语句

JavaScript 的条件语句会基于不同的条件执行不同的语句。编写程序代码时，经常需要根据不同的决定执行不同的动作，可以在代码中使用条件语句来完成该任务。

在 JavaScript 中，可以使用以下条件语句。

（1）if 语句：只有当指定条件为 true 时，该语句才会执行指定的代码。

（2）if…else…语句：当条件为 true 时执行指定的代码，当条件为 false 时执行其他代码。

（3）if…else if…else…语句：使用该语句选择多个代码块中的一个来执行。

（4）switch 语句：使用该语句可选择多个代码块中的一个来执行。

1. if 语句

其语法格式如下。

```
if (条件)
  {
    // 当条件为 true 时执行的代码
  }
```

 这里的关键字为小写的 if，如果使用大写字母（IF），则会产生 JavaScript 错误。

 📖 【示例 3-1】demo0301.html

以下代码实现的功能如下：当时间早于 20:00 时，问候语显示为"Good day"。

```
let time=12 ;
if (time<20)
  {
```

```
        x="Good day";
    }
    document.write( x );   // 输出结果为"Good day"
```

该语句不包含 else，只有在指定条件为 true 时才会执行指定的代码。

2. if…else…语句

其语法格式如下。

```
if (条件)
    {
        // 当条件为 true 时执行的代码
    }
else
    {
        // 当条件为 false 时执行的代码
    }
```

示例编程

📖 【示例 3-2】demo0302.html
以下代码实现的功能如下：当时间早于 20:00 时，显示问候语"Good day"，否则显示问候语"Good evening"。

```
let time=21 ;
if (time<20)
    {
        x="Good day";
    }
else
    {
        x="Good evening";
    }
document.write( x );    //输出结果为"Good evening"
```

3. if…else if…else…语句

其语法格式如下。

```
if (条件 1)
    {
        // 当条件 1 为 true 时执行的代码
    }
else if (条件 2)
    {
        // 当条件 1 为 false 且条件 2 为 true 时执行的代码
    }
else
    {
        // 当条件 1 和条件 2 都不为 true 时执行的代码
    }
```

45

📖 【示例 3-3】demo0303.html

以下代码实现的功能如下：当时间早于 10:00 时，显示问候语 "Good morning"；当时间晚于或等于 10:00 且早于 20:00 时，显示问候语 "Good day"；否则，显示问候语 "Good evening"。

```
let time=8 ;
if (time<10)
  {
     x="Good morning";
  }
else if (time<20)
  {
     x="Good day";
  }
else
  {
     x="Good evening";
  }
document.write( x );     //输出结果为"Good morning"
```

4. switch 语句

switch 语句会基于不同条件执行不同动作。可以使用 switch 语句选择多个代码块中的一个来执行。其语法格式如下。

```
switch(表达式)
{
  case m:
     // 执行代码块 1
     break;
  case n:
     // 执行代码块 2
     break;
  default:
     // 表达式的值与 m、n 不同时执行的代码
}
```

首先计算一次 switch 对应表达式（通常为一个变量）的值，随后表达式的值会与结构中每个 case 后面的值进行比较。如果存在匹配项，则与该 case 关联的代码块会被执行。使用 break 语句可阻止代码自动向下一个 case 运行，跳出 switch 语句。

switch 语句中的表达式不一定是条件表达式，可以是普通的表达式，其值可以是数字、字符串或布尔值。执行 switch 语句时，首先将表达式的值与一个数据进行比较，当表达式的值与所列数据相等时，执行对应的代码块。如果表达式的值与所有列出的数据都不相等，则会执行 default 后的代码块；如果没有 default 关键字，则会跳出 switch 语句，执行 switch 语句后面的代码。

📖 【示例 3-4】demo0304.html

以下代码实现的功能是显示今天是星期几。

```
var day=new Date().getDay();
switch(day)
{
```

```
        case 0:
            x="星期日";
            break;
        case 1:
            x="星期一";
            break;
        case 2:
            x="星期二";
            break;
        case 3:
            x="星期三";
            break;
        case 4:
            x="星期四";
            break;
        case 5:
            x="星期五";
            break;
        case 6:
            x="星期六";
            break;
        }
        document.write("今天是"+x);
```

有时需要用不同的 case 语句来执行相同的代码块。

📖【示例 3-5】demo0305.html

代码如下：

```
switch (new Date().getDay()) {
    case 4:
    case 5:
        info = "周末快到了。";
        break;
    case 0:
    case 6:
        info = "今天是周末。";
        break;
    default:
        info = "期待周末！";
}
document.write(info);
```

在本例中，case 4 和 case 5 分享相同的代码块，而 case 0 和 case 6 分享另一个代码块。switch 语句使用全等（===），即操作数的值和类型都必须相同，全等的结果才能为 true。

📖【示例 3-6】demo0306.html

代码如下：

```
var x = "0";
switch (x) {
```

```
        case 0:
          text = "Off";
          break;
        case 1:
          text = "On";
          break;
        default:
          text = "No value found";
      }
      document.write(text);     // 输出的值为"No value found"
```

以上代码中，x 与每个 case 后面的值都不匹配。

（1）break 关键字。在执行 switch 语句时，如果遇到 break 关键字，则程序会跳出 switch 代码块，此举将中断代码块中其他代码的执行以及后续 case 比较。break 能够节省大量代码执行时间，因为它会"忽略" switch 语句中其他代码的执行。

switch 语句中的最后一个 case 语句不必中断，执行至该语句处时，switch 语句会自然结束。

（2）default 关键字。使用 default 关键字可指定 switch 语句中不存在 case 匹配项时所执行的代码。default 在 switch 语句中是可选的，并非必不可少，但通常会把它放在 switch 语句的最后来执行兜底操作。

示例编程

📖 【示例 3-7】demo0307.html

以下代码实现的功能如下：如果今天不是星期六或星期日，则会输出默认信息。

```
var day=new Date().getDay();
switch (day)
{
    case 6:
        x="今天是星期六";
        break;
    case 0:
        x="今天是星期日";
        break;
    default:
        x="期待周末！";
}
document.write(x);
```

///// **3.2** JavaScript 的循环语句

如果需要多次执行相同的代码，并且每次需要的值都不同，那么使用循环是很方便的，循环可以将代码块反复执行指定的次数。

数组 num 的定义如下。

```
var num=[ 0 , 1 , 2 , 3 , 4 , 5 ];
```

以下代码可以输出数组中元素的值。

```
document.write(num[0] + "<br>");
document.write(num[1] + "<br>");
document.write(num[2] + "<br>");
```

```
document.write(num[3] + "<br>");
document.write(num[4] + "<br>");
document.write(num[5] + "<br>");
```

循环语句的代码通常写成如下形式。

```
for ( var i=0 ; i<num.length ; i++ )
{
    document.write(num[i] + "<br>");
}
```

JavaScript 支持不同类型的循环，包括以下几种循环。

（1）while 循环：当指定的条件为 true 时执行指定的代码块。

（2）do…while 循环：当指定的条件为 true 时执行指定的代码块。

（3）for 循环：多次遍历代码块，并且循环的次数固定。

（4）for…in 循环：循环遍历对象的属性。

（5）for…of 循环：循环遍历可迭代对象的值。

1. while 循环

while 循环会在指定条件为 true 时循环执行代码块，只要指定条件始终为 true，while 循环就可以一直执行代码块。

其语法格式如下。

```
while (条件)
  {
      // 需要执行的代码块
  }
```

📖【示例 3-8】demo0308.html

只要变量 i 小于 5，本例中的循环就继续执行。

代码如下：

```
var x="" ;
var i=0;
while (i<5)
  {
    x=x + "The number is " + i + "<br>";
    i++;
  }
```

小贴士

如果忘记增加条件中所用变量的值，即没有 i++ 语句，则该循环永远不会结束。这可能会导致浏览器崩溃。

2. do…while 循环

do…while 循环是 while 循环的变体，该循环在检查条件是否为 true 之前会执行一次代码块，如果条件为 true，则重复执行代码块。

其语法格式如下。

```
do
  {
```

```
            // 需要执行的代码块
    }
while (条件) ;
```

【示例 3-9】 demo0309.html

代码如下：

```
var x="" ;
var i=0 ;
do
    {
        x=x + "The number is " + i + "<br>";
        i++;
    }
while (i<5) ;
```

以上示例代码使用 do…while 循环，即使条件为 false，该循环也至少会执行一次。

别忘记增加条件中所用变量的值，否则循环永远不会结束！

小贴士

3. for 循环

其语法格式如下。

```
for(表达式 1 ; 表达式 2 ; 表达式 3)
    {
        // 需要执行的代码块
    }
```

表达式 1：在循环开始前执行。

表达式 2：执行循环的条件。

表达式 3：在循环被执行之后执行。

其执行过程如下：执行表达式 1，完成初始化；判断表达式 2 的值是否为 true，如果为 true，则执行循环代码块，否则退出循环；执行循环代码块之后，执行表达式 3；重新判断表达式 2 的值，若其值为 true，再次重复执行循环代码块，如此循环。

【示例 3-10】 demo0310.html

代码如下：

```
var x="";
for (var i=0 ; i<5 ; i++)
    {
        x=x + "The number is " + i + "<br>";
    }
```

从上述代码可以看出以下信息。

表达式 1 在循环开始之前定义了变量：var i=0。

表达式 2 定义了循环执行的条件：i 必须小于 5。

表达式 3 在代码块已被执行一次后使 i 增加 1：i++。

（1）表达式 1。通常使用表达式 1 来初始化 for 循环中所用的变量（var i=0），也可以在表达式 1 中初始化由逗号分隔的多个变量。

例如：

```
var num=[ 0 , 1 , 2 , 3 , 4 , 5 ];
for ( var i=0 , len=num.length , info="" ; i<len ; i++)
{
    info +=num[i] + "<br>";
}
document.write(info);
```

表达式 1 是可选的，也就是说，可以省略表达式 1，而在循环开始前设置变量的值。

例如：

```
var i=2 ;
var len=num.length ;
for ( ; i<len ; i++)
{
    document.write(num[i] + "<br>");
}
```

（2）表达式 2。通常表达式 2 用于判断循环条件是否成立，表达式 2 同样是可选的。如果表达式 2 返回 true，则循环再次开始；如果表达式 2 返回 false，则循环将结束。

小贴士 　　如果省略了表达式 2，那么必须在循环内提供 break，否则循环会无法停下来，将成为死循环，这有可能令浏览器崩溃。

（3）表达式 3。表达式 3 通常用于增加初始变量的值，表达式 3 有多种用法，增量可以是负数（i--），或者更大的数（i= i +15）。

表达式 3 也是可选的，当循环体内部有相应的代码时，表达式 3 可以省略。

例如：

```
var i=0 ;
var len=num.length ;
for ( ; i<len ; )
{
    document.write(num[i] + "<br>");
    i++;
}
```

while 循环和 for 循环存在不同之处，下面举例说明其不同之处。

（1）使用 while 循环来显示 num 数组中的所有值。

例如：

```
var num=[ 1 , 2 , 3 , 4 ];
var i=0;
while(num[i])
{
    document.write(num[i] + "<br>");
    i++;
}
```

（2）使用 for 循环来显示 num 数组中的所有值。

例如：

```
var num=[ 1 , 2 , 3 , 4 ];
var i=0;
for ( ; num[i] ; )
{
    document.write(num[i] + "<br>");
    i++;
}
```

4．for…in 循环

JavaScript 中的 for…in 循环用于循环遍历对象的属性，for…in 循环中的代码块将针对对象的每个属性执行一次。

其语法格式如下。

```
for(key in object)
  {
     // 需要执行的代码块
  }
```

（1）使用 for…in 循环遍历对象的属性的示例如下。

　　📖【示例 3-11】demo0311.html

　　　　代码如下：

```
let txt="";
const book={ name: "网页特效设计", price:38.8, edition:2};
for (let x in book)
{
    txt=txt + book[x]+"　" + "<br>" ;
}
document.write( txt );
```

以上代码中的 for…in 循环会遍历 book 对象，每次迭代返回一个键（x），键用于访问键的值，键的值为 book[x]。

（2）使用 for…in 循环输出数组中的元素的示例如下。

其语法格式如下。

```
for (variable in array) {
    // 需要执行的代码块
}
```

　　📖【示例 3-12】demo0312.html

　　　　代码如下：

```
let txt="" ;
const nums = [ 1 , 2 , 3 , 4 , 5 ] ;
for (let x in nums)
{
    txt += nums[x] + "<br>" ;
}
document.write(txt) ;
```

5. for…of 循环

for…of 循环于 2015 年被添加到 ES6 中，JavaScript 中的 for…of 循环会遍历可迭代对象的值。它允许遍历具有可迭代的数据结构的对象，如数组、字符串、映射、节点列表等。

其语法格式如下。

```
for (variable of iterable) {
    // 需要执行的代码块
}
```

其中，variable 用于迭代时，下一个属性的值会分配给 variable，variable 可以用 const、let 或 var 声明；iterable 表示可迭代对象。

（1）遍历数组的示例如下。

📖【示例 3-13】demo0313.html

代码如下：

```
const color=["red" , "yellow" , "blue"] ;
let text = "";
for (let x of color) {
    text += x+" ";
}
document.write(text) ;    // 输出结果为"red yellow blue"
```

（2）遍历字符串的示例如下。

📖【示例 3-14】demo0314.html

代码如下：

```
let color="blue" ;
let text = "";
for (let x of color) {
    text += x+" ";
}
document.write(text) ;     // 输出结果为"b l u e"
```

6. JavaScript 标签

JavaScript 允许对其语句进行标记。如需标记 JavaScript 语句，则在标签名后加上冒号即可。其语法格式如下。

```
label:
        statements
```

7. 跳出循环语句

在 JavaScript 中，只有 break 和 continue 语句能够跳出代码块。其语法格式如下。

```
break labelname ;
continue labelname ;
```

（1）break 语句。在前面学习 switch 语句时已经介绍过 break 语句，它用于跳出 switch 语句。

break 语句也可以用于跳出循环，使用 break 语句跳出循环后，会继续执行该循环之后的代码（如果有）。

例如：

```
var text ="";
```

```
for (i=0 ; i<10 ; i++)
  {
    if (i==3)
      {
        break;
      }
    text += "数字是 " + i + "<br>";
  }
```

因为这个 if 语句的代码块中只有一行代码，所以可以省略花括号。

例如：

```
for (i=0 ; i<10 ; i++)
  {
    if (i==3) break ;
  }
```

continue 语句只能用于循环语句中。

不带标签引用的 break 语句只能用于循环语句或 switch 语句中。通过标签引用，break 语句可用于跳出任何 JavaScript 代码块。

例如：

```
var num=[ 1 , 2 , 3 , 4 ];
  {
    document.write(num[0] + "<br>") ;
    document.write(num[1] + "<br>") ;
    break list ;
    document.write(num[2] + "<br>") ;
    document.write(num[3] + "<br>") ;
  }
list:
```

（2）continue 语句。continue 语句用于跳过循环的一次迭代。如果符合指定的循环条件，则继续执行循环的下一次迭代。

例如：

```
var text ="" ;
for ( i=0 ; i<=10 ; i++ )
  {
    if (i==3) continue;
    text += "数字是 " + i + "<br>";
  }
```

执行以上示例代码时，跳过了 i 的值为 3 的那一次迭代。

📝 实战演练

【任务 3-1】在不同的节日显示对应的问候语

【任务描述】

创建网页 0301.html，编写 JavaScript 程序，实现在网页中根据不同的节日显示对应的问候语。

例如，在劳动节显示的问候语为"劳动节快乐！"，在国庆节显示的问候语为"国庆节快乐！"。

【任务实施】

创建网页 0301.html，编写 JavaScript 程序，实现在不同的节日显示对应问候语的 JavaScript 代码如表 3-1 所示。

表 3-1　实现在不同的节日显示对应问候语的 JavaScript 代码

序号	程序代码
01	<script type="text/javascript">
02	var msg="快乐每一天"；
03	var now=new Date()；
04	var month=now.getMonth()+1；
05	var date=now.getDate()；
06	if (month==5 && date==1) { msg="劳动节快乐！"；}
07	if (month==10 && date==1) { msg="国庆节快乐！"；}
08	document.write(msg)；
09	</script>

表 3-1 所示的代码解释如下。

（1）使用逻辑运算符构成逻辑表达式，如 month==5 && date==1。

（2）使用 if 语句判断条件是否成立，如果逻辑表达式的值为 true，即条件成立，则显示对应的问候语。

【任务 3-2】在不同时间段显示不同的问候语

【任务描述】

创建网页 0302.html，编写 JavaScript 程序，实现在网页中根据不同时间段（采用 24 小时制）显示相应的问候语，具体要求如下。

（1）在每天的 8 点之前（不包含 8 点）显示"早上好！"。

（2）在每天的 8 点至 12 点（包含 8 点但不包含 12 点）显示"上午好！"。

（3）在每天的 12 点至 14 点（包含 12 点但不包含 14 点）显示"中午好！"。

（4）在每天的 14 点至 17 点（包含 14 点但不包含 17 点）显示"下午好！"。

（5）在每天的 17 点之后（包含 17 点）显示"晚上好！"。

【任务实施】

创建网页 0302.html，编写 JavaScript 程序，实现在不同时间段显示不同问候语的 JavaScript 代码如表 3-2 所示。

表 3-2　实现在不同时间段显示不同问候语的 JavaScript 代码

序号	程序代码
01	<script language="javascript" type="text/javascript">
02	<!--
03	var today , hour ；
04	today = new Date()；
05	hour = today.getHours()；
06	if(hour < 8){document.write(" 早上好！")；}

续表

序号	程序代码
07	else　if(hour < 12){document.write(" 上午好！") ;}
08	else　if(hour < 14){document.write(" 中午好！") ;}
09	else　if(hour < 17){ document.write(" 下午好！") ; }
10	else 　　　　{ document.write(" 晚上好！") ; }
11	// -->
12	</script>

表 3-2 中的代码解释如下。

（1）03 行声明了两个变量，变量名分别为 today、hour。

（2）04 行是一条赋值语句，用于创建一个日期（Date）对象，且赋给变量 today。

（3）05 行是一条赋值语句，用于调用 Date 对象的方法 getHours()获取当前 Date 对象的小时数，且赋给变量 hour。

（4）06～10 行是一个较为复杂的 if…else if…else…语句，该语句的执行逻辑如下。

首先判断条件表达式 hour < 8 是否成立，如果该条件表达式的值为 true（如在 7 点），则程序将执行对应语句"document.write(" 早上好!");"，即在网页中显示"早上好！"的问候语。

如果条件表达式 hour < 8 的值为 false（如在 9 点），那么判断第 1 个 else if 后面的条件表达式 hour < 12 是否成立，如果该条件表达式的值为 true（如在 9 点），则程序将执行对应语句"document.write(" 上午好！");"，即在网页中显示"上午好！"的问候语。

以此类推，直到完成最后一个 else if 后面的条件表达式 hour < 17 的判断，如果所有的 if 和 else if 的条件表达式都不成立（如在 20 点），则执行 else 后面的语句"document.write(" 晚上好！");"，即在网页中显示"晚上好！"的问候语。

【任务 3-3】一周内每天显示不同的图片

【任务描述】

创建网页 0303.html，编写 JavaScript 程序，在网页中实现一周内每天显示不同的图片，星期一网页显示的图片如图 3-1 所示。

图 3-1　星期一网页显示的图片

【任务实施】

创建一个 JavaScript 文件 today_sell.js，其中的代码如表 3-3 所示。

表 3-3　JavaScript 文件 today_sell.js 中的代码

序号	程序代码
01	var mydate = new Date();
02	today =mydate.getDay();
03	switch(today)

续表

序号	程序代码
04	{
05	case 1:
06	document.writeln("<img src=\"images/t1.jpg\" border=\"0\" />");
07	break
08	case 2:
09	document.writeln("<img src=\"images/t2.jpg\" border=\"0\" />");
10	break
11	case 3:
12	document.writeln("<img src=\"images/t3.jpg\" border=\"0\" />");
13	break
14	case 4:
15	document.writeln("<img src=\"images/t4.jpg\" border=\"0\" />");
16	break
17	case 5:
18	document.writeln("<img src=\"images/t5.jpg\" border=\"0\" />");
19	break
20	case 6:
21	document.writeln("<img src=\"images/t6.jpg\" border=\"0\" />");
22	break
23	default:
24	document.writeln("<img src=\"images/t7.jpg\" border=\"0\" />");
25	}

创建网页 0303.html，编写 JavaScript 程序，在网页中使用以下代码引入外部 JavaScript 文件。

```
<script src="js/today_sell.js" type="text/javascript" ></script>
```

【任务 3-4】实现鼠标指针滑过时动态改变显示内容及其外观效果

【任务描述】

创建网页 0304.html，编写 JavaScript 程序，实现当鼠标指针滑过网页中的公告信息时，动态改变显示内容及其外观效果，其外观效果如图 3-2 所示。

图 3-2　鼠标指针滑过时动态改变显示内容及其外观效果

【任务实施】

创建网页 0304.html，编写 JavaScript 程序，实现鼠标指针滑过时动态改变显示内容及其外观效果的 HTML 代码如表 3-4 所示。

表 3-4　实现鼠标指针滑过时动态改变显示内容及其外观效果的 HTML 代码

序号	程序代码
01	<div style="background:#FFF; padding:10px;">
02	<div class="changeList">
03	<div class="changeList-top"></div>
04	<dl>
05	<dt id="b1" style="display:none" onmouseover="changebox(1);">
06	<p>网站公告...</p>
07	<em><img src="images/shu1.gif"　width="29" height="37"/></em></dt>
08	<dd id="a1">
09	<h1><img src="images/shu1_1.gif" width="29" height="49" /></h1>
10	<div class="changeListText"><a href="" target="_blank">...</a></div>
11	</dd>
12	</dl>
13	<dl>
14	<dt id="b2" onmouseover="changebox(2);">
15	<p>网页特效集锦...</p>
16	<em><img src="images/shu2.gif" width="29" height="37"/></em></dt>
17	<dd id="a2" style="display:none;">
18	<h1><img src="images/shu1_2.gif" width="29" height="49" /></h1>
19	<div class="changeListText"><a href="" target="_blank">...</a></div>
20	</dd>
21	</dl>
22	<dl>
23	<dt id="b3" onmouseover="changebox(3);">
24	<p>新闻列表滑过网页特效...</p>
25	<em><img src="images/shu3.gif"　width="29" height="37"/></em></dt>
26	<dd id="a3" style="display:none;">
27	<h1><img src="images/shu1_3.gif" width="29" height="49" /></h1>
28	<div class="changeListText"><a href="" target="_blank">...</a></div>
29	</dd>
30	</dl>
31	<dl>
32	<dt id="b4" onmouseover="changebox(4);">
33	<p>鼠标指针滑过时改变标签内容...</p>
34	<em><img src="images/shu4.gif"　width="29" height="37"/></em></dt>
35	<dd id="a4" style="display:none;">
36	<h1><img src="images/shu1_4.gif" width="29" height="49" /></h1>
37	<div class="changeListText"><a href="" target="_blank">...</a></div>
38	</dd>
39	</dl>
40	<dl>
41	<dt id="b5" onmouseover="changebox(5);">
42	<p>仿腾讯/新浪图片展示网页特效</p>
43	<em><img src="images/shu5.gif"　width="29" height="37"/></em></dt>
44	<dd id="a5" style="display:none;">
45	<h1><img src="images/shu1_5.gif" width="29" height="49" /></h1>
46	<div class="changeListText"><a href="" target="_blank">...</a></div>
47	</dd>
48	</dl>

续表

序号	程序代码
49	</div>
50	</div>

实现鼠标指针滑过时动态改变显示内容及其外观效果的 JavaScript 代码如表 3-5 所示。

表 3-5　实现鼠标指针滑过时动态改变显示内容及其外观效果的 JavaScript 代码

序号	程序代码
01	`<script type="text/javascript">`
02	`function changebox(n) {`
03	`var i = 1;`
04	`while(true){`
05	`try{`
06	`document.getElementById("a"+i).style.display = 'none';`
07	`document.getElementById("b"+i).style.display = 'block';`
08	`}`
09	`catch(e){`
10	`break;`
11	`}`
12	`i++;`
13	`}`
14	`document.getElementById("a"+n).style.display = 'block';`
15	`document.getElementById("b"+n).style.display = 'none';`
16	`}`
17	`</script>`

表 3-5 所示的代码通过设置页面元素的 style.display 值为'block'或者'none'，控制其显示或隐藏，从而实现动态改变显示内容及其外观效果。

表 3-5 中的 04～13 行巧妙地使用永真循环和异常处理实现页面元素的隐藏和显示交替效果，当 document.getElementById("a"+i)对应的网页元素不存在时，会出现错误，此时执行 10 行代码，成功结束循环。这样做的好处是事先无须知道网页中元素的数量。

【任务 3-5】实现纵向焦点图片轮换

【任务描述】

创建网页 0305.html，编写 JavaScript 程序，实现纵向焦点图片轮换，其效果如图 3-3 所示，焦点图片每隔一段时间自动进行切换，鼠标指针指向导航区域时也能实现切换，焦点图片显示时具有滤镜效果。

图 3-3　实现纵向焦点图片轮换的效果

【任务实施】

创建网页 0305.html，编写 JavaScript 程序，实现纵向焦点图片轮换效果对应的 HTML 代码如表 3-6 所示。

表 3-6　实现纵向焦点图片轮换效果对应的 HTML 代码

序号	程序代码
01	<div id="nab">
02	<table id="pictable" style="display: none">
03	<tbody>
04	<tr>
05	<td><img src="images/亚丁.jpg" border="0" /></td>
06	<td>极致美景 中国七大秋色斑斓地 </td>
07	<td>#</td>
08	</tr>
09	<tr>
10	<td><img src="images/云南大理.jpg" border="0" /></td>
11	<td>畅游大理　体味民族风情</td>
12	<td>#</td>
13	</tr>
14	<tr>
15	<td><img src="images/桂林初冬.jpg" border="0" /></td>
16	<td>桂林初冬 浓妆淡抹最佳处</td>
17	</tr>
18	<tr>
19	<td><img src="images/新疆.jpg" border="0" /></td>
20	<td>新疆库尔勒：铁关西天涯，极目少行客</td>
21	<td>#</td></tr>
22	<tr>
23	<td><img src="images/兴安灵渠.jpg" border="0" /></td>
24	<td>历史遗产：兴安灵渠</td>
25	<td>#</td>
26	</tr>
27	<tr>
28	<td><img src="images/内蒙古.jpg" border="0" /></td>
29	<td>神秘美丽的内蒙古草原</td>
30	<td>#</td>
31	</tr>
32	<tr>
33	<td><img src="images/陕西.jpg" width="404" height="327" border="0" /></td>
34	<td>回归自然 感受另类风情</td>
35	<td>#</td></tr>
36	</tbody>
37	</table>
38	<div class="div_xixi">……</div>
39	</div>

实现纵向焦点图片轮换效果对应的主要 CSS 代码如表 3-7 所示。

表 3-7　实现纵向焦点图片轮换效果对应的主要 CSS 代码

序号	程序代码
01	.div_jimg #a_jimg {display: block; width: 405px; height: 267px}
02	
03	.div_jimg #bigimg {
04	margin: 0px;
05	width: 403px;
06	height: 265px;
07	border: 1px solid #fd8383;
08	padding: 0px;
09	}
10	
11	.div_jimg .ul_jimg {
12	display: block;
13	right: 0px;
14	margin: 1px;
15	width: 225px;
16	list-style-type: none;
17	position: absolute;
18	top: 0px;
19	height: 267px;
20	padding: 0px;
21	background: url(images/bg_j04.jpg) repeat-y right top;
22	}
23	.div_jimg .ul_jimg a {position: relative}
24	
25	.div_jimg .ul_jimg .on {
26	filter: progid:DXImageTransform.Microsoft.AlphaImageLoader(src='images/bg_j05.png',
27	sizingMethod='scale');
28	width: 225px;
29	color:blue;
30	text-indent: 43px;
31	position: static;
32	}
33	
34	.div_jimg .ul_jimg .on a {font-weight: bold; color: blue}

实现纵向焦点图片轮换效果对应的 JavaScript 代码如表 3-8 所示。其设计思路如下。

（1）网页内容由 document 对象的 write()方法输出。

（2）网页加载完成时触发 onload 事件，执行 playit()函数，每隔 2500 ms 调用一次 playnext()函数。

（3）playnext()函数用于设置当前显示图片的序号值、调用函数 setfoc()及函数 playit()。

（4）setfoc()函数主要用于实现图片切换和图片滤镜效果。

（5）函数 stopit()主要用于取消由 set Timeout()方法设置的延时执行操作。

表 3-8　实现纵向焦点图片轮换效果对应的 JavaScript 代码

序号	程序代码
01	<script　type="text/javascript">
02	<!--

序号	程序代码
03	window.onload = function(){
04	playit();
05	}
06	
07	var currslid = 0;
08	var slidint;
09	var picarry = {};
10	var lnkarry = {};
11	var ttlarry = {};
12	var t=document.getElementById("pictable");
13	var num=t.rows.length;
14	for(var i=0;i<num;i++){
15	try{
16	picarry[i]=t.rows[i].cells[0].childNodes[0].src;
17	ttlarry[i]=t.rows[i].cells[1].innerHTML;
18	lnkarry[i]=t.rows[i].cells[2].innerHTML;
19	}
20	catch(e){
21	}
22	}
23	
24	function playit(){
25	slidint = setTimeout(playnext,2500);
26	}
27	
28	function playnext(){
29	if(currslid==6){
30	currslid = 0;
31	}
32	else{
33	currslid++;
34	};
35	setfoc(currslid);
36	playit();
37	}
38	
39	function setfoc(id){
40	document.getElementById("bigimg").src = picarry[id];
41	document.getElementById("a_jimg").href = lnkarry[id];
42	if (id==4) {
43	document.getElementById("a_jimg").style.background = 'url('+picarry[0]+')'
44	}
45	else {
46	document.getElementById("a_jimg").style.background = 'url('+picarry[id+1]+')'
47	}
48	currslid = id;

续表

序号	程序代码
49	for(i=0;i<7;i++){
50	document.getElementById("li_jimg"+i).className = "li_jimg";
51	};
52	document.getElementById("li_jimg"+id).className ="li_jimg on";
53	
54	var borserInfo=navigator.userAgent.toLowerCase();　　//判断当前用户所使用浏览器的类型
55	if(/msie/.test(borserInfo))
56	{
57	document.getElementById("bigimg").style.visibility = "hidden";
58	document.getElementById("bigimg").filters[0].Apply();
59	document.getElementById("bigimg").filters[0].transition=23;
60	if (document.getElementById("bigimg").style.visibility == "visible") {
61	document.getElementById("bigimg").style.visibility = "hidden";
62	}
63	else {
64	document.getElementById("bigimg").style.visibility = "visible";
65	}
66	document.getElementById("bigimg").filters[0].Play();
67	}
68	stopit();
69	}
70	
71	function stopit(){
72	clearTimeout(slidint);
73	}
74	
75	document.write(
76	"<div class='div_jimg'>"
77	+"<a class='a_jimg' id='a_jimg' href='"+lnkarry[0]
78	+"' title=" style='background:url("+picarry[1]+")' target='_blank'>"
79	+"<img id='bigimg' style='filter:RevealTrans (duration='1',transition='23');
80	visibility:visible;' alt=" src='"+picarry[0]
81	+"' \/><\/a>"
82	+"<ul class='ul_jimg'>"
83	+"<li class='li_jimg on' id='li_jimg0' onmouseover='setfoc(0)' onmouseout='playit()'>"
84	+"<a href='"+lnkarry[0]+"' target='_blank' class='img'>"+ttlarry[0]+"<\/a><\/li>"
85	+"<li class='li_jimg' id='li_jimg1' onmouseover='setfoc(1)' onmouseout='playit()'>"
86	+"<a href='"+lnkarry[1]+"' target='_blank' class='img'>"+ttlarry[1]+"<\/a><\/li>"
87	+"<li class='li_jimg' id='li_jimg2' onmouseover='setfoc(2)' onmouseout='playit()'>"
88	+"<a href='"+lnkarry[2]+"' target='_blank' class='img'>"+ttlarry[2]+"<\/a><\/li>"
89	+"<li class='li_jimg' id='li_jimg3' onmouseover='setfoc(3)' onmouseout='playit()'>"
90	+"<a href='"+lnkarry[3]+"' target='_blank' class='img'>"+ttlarry[3]+"<\/a><\/li>"
91	+"<li class='li_jimg' id='li_jimg4' onmouseover='setfoc(4)' onmouseout='playit()'>"
92	+"<a href='"+lnkarry[4]+"' target='_blank' class='img'>"+ttlarry[4]+"<\/a><\/li>"
93	+"<li class='li_jimg' id='li_jimg5' onmouseover='setfoc(5)' onmouseout='playit()'>"
94	+"<a href='"+lnkarry[5]+"' target='_blank' class='img'>"+ttlarry[5]+"<\/a><\/li>"

续表

序号	程序代码
95	+"<li class='li_jimg' id='li_jimg6' onmouseover='setfoc(6)' onmouseout='playit()'>"
96	+"<a href='"+lnkarry[6]+"' target='_blank' class='img'>"+ttlarry[6]+"<Va><Vli>"
97	+"<Vul>"
98	+"<Vdiv>");
99	-->
100	</script>

请读者扫描二维码，进入本模块在线习题，完成练习并巩固学习成果。

在线评测

模块 4
JavaScript 函数编程及应用

　　进行复杂的程序设计时，通常根据所要实现的功能可将程序划分为一些相对独立的部分，这些独立功能部分可以编写成函数，从而使程序结构更加清晰、易于阅读和便于维护。JavaScript 中的函数能够传递参数并返回执行结果，在程序中可以使用函数名来调用函数。

知识启航

4.1　JavaScript 的函数

　　函数是相对独立的具有特定功能的代码块，该代码块中的语句被视作一个整体执行。函数会在某代码调用它时被执行，函数可以重复被调用并执行。

　　函数是那些只能由事件或函数调用来执行的脚本容器，因此，在浏览器最初加载和执行包含在网页中的脚本时，函数并没有被执行。函数包含用于完成某个任务的脚本，函数执行时能够随时执行脚本。

示例编程

📖 【示例 4-1】demo0401.html

代码如下：

```
<script>
  function openWin()
  {
      alert("感谢你光临本网站");
  }
</script>
<input type="button" value="单击这里" onclick="openWin()">
```

1. JavaScript 函数定义的语法格式

JavaScript 函数定义的语法格式如下。

```
function functionName( 参数 1，参数 2，……)
  {
      // 这里是要执行的代码
  }
```

函数定义的说明如下。

　　① JavaScript 函数通过 function 关键字进行定义，其后是函数名和半角圆括号 "()"，关键字 function 必须是小写的。

② 函数名可包含字母、数字和下画线（命名规则与变量名的相同）。

③ 圆括号内可包括由逗号分隔的参数，函数参数是在函数定义中所声明变量的名称，形式为(参数 1，参数 2,……)。

④ 函数定义中的函数参数是局部变量，称为"形参"。当调用函数时由函数接收的真实值则称为"实参"。

⑤ 由函数执行的语句被放置在花括号"{ }"中，各条语句以分号结束。

⑥ 因为函数定义不是可执行的语句，所以通常不以分号结尾，即函数定义时的右花括号"}"后面没有分号。

【示例 4-2】demo0402.html

代码如下：

```
function getAmount (price, num) {
    return price* num ;   //该函数返回表达式 price* num 的值
}
document.write(getAmount(45,2)) ;    // 输出结果为 90
```

2. 函数调用

函数能够对代码进行复用，即只要定义一次，就可以多次使用它。当调用函数时，会执行函数内的代码。

JavaScript 对字母大小写敏感，只能使用与函数名相同的名称来调用函数。

被定义的函数不会直接执行，它们"被保存供稍后使用"，函数中的代码将在其他代码调用该函数时执行，常见的调用函数的情况如下。

① 当事件发生时调用函数。可以在某事件发生时（如用户单击按钮时）直接调用函数，并且可由 JavaScript 在任何位置进行调用。

② 通过 JavaScript 代码调用。

③ 自调用。函数能够通过参数来接收数据，函数可以有一个或多个形式参数（Parameter，简称形参），函数调用时可以有一个或多个实际参数（Argument，简称实参）。形参和实参常会被弄混，形参是函数定义的组成部分，而实参在调用函数时才会用到。

在调用带参数的函数时，可以向其传递值，这些参数值可以在函数内使用。此外，函数可以带任意多个参数，这些参数由半角逗号","分隔，其形式如下。

```
functionName(argument1 , argument2)
```

定义函数时，将参数作为变量来定义。

例如：

```
function functionName( var1 , var2 )
{
    // 这里是要执行的代码
}
```

变量和参数必须以一致的顺序出现，第一个变量的值就是被传递给第一个参数的值，以此类推。

【示例 4-3】demo0403.html

包含 1 个参数的函数示例如下。

```
<script>
  function openWin(msg)
  {
```

```
        alert(msg) ;
    }
</script>
<input type="button" onclick="openWin('感谢你光临本网站')" value="单击这里">
```

示例编程

📖【示例 4-4】demo0404.html
包含 2 个参数的函数示例如下。

```
<script>
function displayInfo(name , job)
    {
        alert("欢迎" + name + job);
    }
</script>
<input type="button" onclick="displayInfo('张珊','老师')" value="单击这里">
```

上述代码中定义的函数会在按钮被单击时调用，并且输出提示信息："欢迎张珊老师"。

这里还可以使用不同的参数来调用该函数，且将出现不同的提示信息。

例如：

```
<input type="button" onclick="displayInfo('李斯','老师')" value="单击这里">
<input type="button" onclick="displayInfo('王武','老师')" value="单击这里">
```

单击不同的按钮，会出现不同的提示信息："欢迎李斯老师"或"欢迎王武老师"。

3. 函数的返回值

有时，我们希望函数将值返回给调用者，这使用 return 语句就可以实现。当 JavaScript 函数的代码执行到 return 语句时，函数将停止执行，并返回指定的值。

如果函数被某条语句调用，则函数通常会计算出返回值，这个返回值会返回给调用者。能够多次向同一函数传递不同的参数，以返回不同的结果。

例如，调用前面定义的函数 getAmount()，代码如下。

```
var amount=getAmount(20, 3.5) ; //调用函数 getAmount()，返回值被赋值给 amount
```

变量 amount 被赋值为

```
70
```

有以下函数：

```
function myFunction()
  {
      var   x=5;
      return x;
  }
```

调用该函数的返回值为 5。

> 🌐 **执行到 return 语句时，整个 JavaScript 程序并不会停止执行，只是函数执行结束。**
> **JavaScript 将继续执行调用语句后面的代码。**
>
> 小贴士

得到返回值后，函数调用将被返回值取代，例如：

```
var myVar=myFunction() ;
```

myVar 变量的值是 5，也就是函数 myFunction()所返回的值。

即使不把返回值保存到变量中，也可以使用返回值。例如：

document.getElementById("demo").innerHTML=myFunction();

网页中"demo"元素的内容将是 5，也就是函数 myFunction()所返回的值。

还可以基于传递到函数中的参数值来得出返回值。

例如，计算两个数字的乘积，并返回结果。

```
function myFunction(x1 , x2)
  {
     return x1*x2 ;
  }
document.getElementById("demo").innerHTML=myFunction(4,3) ;
```

网页中"demo"元素的内容将是 12。

如果只是希望退出函数，则可以单独使用 return 语句。

4. JavaScript 函数的使用

📖【示例 4-5】demo0405.html

用于把华氏温度转换为摄氏温度的函数定义如下。

```
function toCelsius(fahrenheit) {
    return (5/9) * (fahrenheit-32);
}
```

调用函数 toCelsius()的代码如下。

```
document.write(toCelsius(77));        //输出结果为 25
```

访问没有圆括号"()"的函数名将返回函数定义，例如：

```
document.write(toCelsius);
```

注意，toCelsius 引用的是函数对象，而 toCelsius()引用的是函数结果。

函数的使用方法与变量的一致，在所有类型的表达式进行赋值和计算时都可直接使用。

（1）使用变量来存储函数的返回值。例如：

```
var x = toCelsius(77);
var text = "The temperature is " + x + " Celsius";
```

（2）把函数当作变量值在表达式中直接使用。例如：

```
var text = "The temperature is " + toCelsius(77) + " Celsius";
```

5. JavaScript 函数内部声明的局部变量

在 JavaScript 函数内部声明的变量是局部变量，局部变量只能在函数内部访问。

例如：

```
// 此处的代码不能使用 stuName
function getInfo() {
    var stuName = "阳光";
    // 此处的代码可以使用 stuName
}
// 此处的代码不能使用 stuName
```

由于局部变量只能被其函数识别，因此可以在不同函数中使用名称相同的变量。

局部变量在函数调用开始时被声明，在函数调用完成时被删除。

6. 函数表达式

JavaScript 函数也可以使用表达式来定义，函数表达式可以存储在变量中。

例如：

```
var x = function(a, b) { return a * b };
```

在变量中保存函数表达式之后，此变量可用作函数。

📖【示例 4-6】demo0406.html

代码如下：

```
var x = function (a, b) { return a * b };
var z = x(4, 3);
document.write( z );    // 输出结果为 12
```

上述代码定义的函数实际上是一个匿名函数，即没有名称的函数。

存放在变量中的函数不需要函数名，它们可以使用变量名调用。

上面的函数使用分号结尾，因为它是可执行语句的一部分。

使用 const 定义函数表达式要比使用 var 更安全，因为函数表达式始终是常量值。

例如：

```
const x = function(a, b) { return a * b };
```

7. 函数是对象

JavaScript 中的 typeof 运算符会针对函数返回 function，但是最好把 JavaScript 函数描述为对象，JavaScript 函数都有属性和方法。

以下代码中的 arguments.length 属性会返回函数被调用时收到的参数数目。

```
function myFunction(a, b) {
    return arguments.length;
}
```

📖【示例 4-7】demo0407.html

以下代码中的 toString()方法会以字符串形式返回函数定义代码。

```
function myFunction(a, b) {
    return a * b;
}
var txt = myFunction.toString();
document.write( txt );
```

8. JavaScript 的全局函数

JavaScript 有 7 个全局函数，即 eval()、parseInt()、parseFloat()、isNaN()、isFinite()、escape()、unescape()，用于实现一些常用的功能。

（1）eval()。该函数用于运算某个字符串（表达式），并执行其中的 JavaScript 代码。

其语法格式为 eval(str)，该函数将对表达式 str 进行运算，返回表达式 str 的运算结果，其中参数 str 可以是任何有效的表达式。例如，eval(document.body.clientWidth-90)。

（2）parseInt()。该函数能将字符串开头的字符转换为整数，如果字符串不是以数字开头的，那么将返回 NaN。例如，表达式 parseInt("2abc")返回数字 2，表达式 parseInt("abc")返回 NaN。

其语法格式为 parseInt（string , radix），参数 radix 可以是 2~36 的任意整数。当 radix 为 10 时，提取的整数以 10 为基数表示，即返回 10、20、30、…、100、110、120…该函数也可以用于将字符串转换为整数。

（3）parseFloat()。该函数能将字符串开头的字符转换为浮点数，如果字符串不是以数字开头的，那么将返回 NaN。例如，表达式 parseFloat("2.6abc")返回数字 2.6，表达式 parseFloat("abc")返回 NaN。

（4）isNaN()。该函数主要用于检验某个值是否为 NaN。例如，表达式 isNaN("NaN")的值为 true，表达式 isNaN(123)的值为 false。

（5）isFinite()。该函数用于检查其参数是否是非无穷大的，如果参数为非无穷大，则返回 true。

其语法格式为 isFinite(number)。如果 number 是有限数字（或者可以转换为有限数字），那么返回 true。如果 number 是 NaN，或者是正、负无穷大的数，则返回 false。例如，表达式 isFinite(123)的值为 true，表达式 isFinite("NaN")的值为 false。

（6）escape()。该函数用于对字符串进行编码，以便可以在所有的计算机上读取该字符串。

其语法格式为 escape(str)。其返回值为已编码的字符串的副本。其中某些字符被替换成十六进制的转义序列。例如，表达式 escape("a(b)|d")的值为 a%28b%29%7Cd。

（7）unescape()。该函数可对通过 escape()编码的字符串进行解码。

其语法格式为 unescape(str)。其返回值为字符串被解码后的副本。该函数的工作原理如下：通过找到形式为%xx 或%uxxxx 的字符序列（x 表示十六进制的数字），并用 Unicode 字符\u00xx 和\uxxxx 替换这样的字符序列以进行解码。例如，表达式 unescape(escape("a(b)|d"))的值为 a(b)|d。

 **小贴士**   ECMA-262 第三版已从标准中删除了 escape () 和 unescape () 函数，并反对使用它们，应该使用 decodeURI () 和 decodeURIComponent () 代之。

9. ES6 箭头函数的定义与使用

ES6 中引入了箭头函数，箭头函数允许使用简短的语法来编写函数表达式，不需要 function 关键字、return 关键字和花括号。

JavaScript 定义和调用函数的传统写法如下。

```
function funcName1(x, y) {
    return x + y;
}
console.log(funcName1( 2, 3 ));    //输出结果为 5
```

（1）ES6 中定义和调用箭头函数的写法

例如：

```
var funcName2 = (x, y) => x + y;
console.log(funcName2(2, 3));    //输出结果为 5
```

箭头函数的写法与传统写法的效果是一样的。

顾名思义，箭头函数就是有一个 "=>" 的函数。

其语法格式如下。

```
let fn = () => console.log('箭头函数');
```

在箭头函数中，如果函数体内有两条语句，则需要在函数体外面加上花括号。

 **示例编程**

📖 **【示例 4-8】** demo0408.html

代码如下：

```
var funcName3 = (x, y) => {
    console.log('函数返回值: ');
    return x + y;
};
console.log(funcName3( 2, 3 )); //输出结果为 "函数返回值: 5"
```

从上面的箭头函数中，可以很清晰地找到函数名、参数名、函数体。也可以得知箭头函数有以下特点。

① 如果只有一个参数，则可以省略圆括号。

② 如果函数体中只有一条 return 语句，且不写 return 关键字，则可以不写花括号。

③ 没有内置的 arguments 变量。

④ 不改变 this 的指向。但保留完整的圆括号、return 关键字和花括号也许是一个好习惯。和一般的函数不同，箭头函数不会绑定 this，或者说箭头函数不会改变 this 本来的绑定。

如果箭头函数是对象的属性，那么 this 的作用域会跳出对象，对象内部的 this 就是对象所在外层代码块的 this。

【示例 4-9】 demo0409.html

代码如下：

```
window.color = 'blue';
let obj = {
  color: 'red',
  sayColor: () => {
    console.log(this.color);
  }
};
obj.sayColor(); // blue
```

（2）箭头函数的参数

函数的参数默认值的传统写法如下。

```
function fn(param) {
    let p = param || 'happy';
    console.log(p);
  }
```

上述代码中，函数体内的写法的作用如下：如果 param 不存在，则用字符串'happy'作为默认值。这样写比较啰唆。

ES6 中参数默认值的写法很简洁，形式如下。

```
function fn(param = 'happy' ) {
    console.log(param);
  }
```

在 ES6 中定义方法时，可以给方法中的参数赋一个默认值（即缺省值），方法被调用时，如果没有给参数赋值，则使用默认值；如果给参数赋了新的值，则使用新的值。

例如：

```
let sum = (x=2, y=5) => {
  return x + y;
}
sum();        // 7
sum(5);       // 10
sum(5, 10);   // 15
```

【示例 4-10】 demo0410.html

代码如下：

```
var funcName4 = (x, y = 5) => {
    console.log('函数返回值：');
```

```
            return x + y;
    };
    console.log(funcName4(2));      //第二个参数使用默认值5，输出结果为7
    console.log(funcName4(3, 6));   //输出结果为9
```

小贴士

有默认值的参数后面不能再有没有默认值的参数。例如，(x, y, z) 这 3 个参数中，如果为 y 设置了默认值，则一定要为 z 设置默认值。

分析下面这段代码。

```
let x = 'vue';
function fn(x, y = x) {
        console.log(x, y);
 }
fn('hello');
```

注意第二行代码，这里将 y 赋值为 x，这里的 x 是括号中的第一个参数，并不是第一行代码中定义的 x，其输出结果为"hello hello"。

如果把第一个参数修改一下，改成以下代码。

```
let x = "vue";
function fn(z, y = x) {
    console.log(z, y);
}
fn("hello");
```

此时，输出结果是"hello vue"。

（3）this 的指向

箭头函数只是为了让函数写起来更优雅吗？当然不是，它还有一个很大的作用，这个作用与 this 的指向有关。在常规函数中，this 表示调用函数的对象，可以是窗口、文档、按钮或其他任何东西；而在 ES6 的箭头函数中，箭头函数没有自己的 this，this 始终表示定义箭头函数的对象，即函数的拥有者。

10. ES6 的扩展运算符

ES6 的扩展运算符的格式为 "...变量名"，"..."（3 个点）表示剩余部分的参数。在 ES6 中，定义一个函数时，如果其参数的个数不确定，则可以使用扩展运算符作为参数。

例如：

```
function fn(first, second, ...arg) {
        console.log(arg.length);
 }
fn(0, 1, 2, 3, 4, 5, 6);  //调用函数后，输出结果为5
```

上述代码的输出结果为 5，调用 fn()函数时，传递了 7 个参数，而 arg 指的是剩下的部分（除去 first 和 second）。

从上述示例中可以看出，扩展运算符适用于以下情形：知道前面的一部分参数的数量，但对于后面剩余的参数的数量未知。

【示例 4-11】 demo0411.html

代码如下:

```
let showArg = (x, y, ...args) => {
    console.log(args.length);        // 输出结果为 4
    console.log(...args);            // 输出结果为 3 4 5 6
}
showArg(1, 2, 3, 4, 5, 6);
```

4.2 JavaScript 的计时方法

　　window 对象允许以指定的时间间隔执行代码,这些时间间隔称为计时事件。通过使用 JavaScript 的计时方法,可以在设定的时间间隔之后执行代码,而不是在调用后立即执行代码。

　　JavaScritp 中使用计时事件的两个关键方法是 setTimeout()和 setInterval(),这两个方法都属于 HTML DOM window 对象。setTimeout()方法会在等待指定的毫秒数后执行函数,setInterval()方法等同于 setTimeout(),并且能够持续重复执行函数。若想要停止执行这两个方法,可以分别使用 clearTimeout()方法和 clearInterval()方法。

1. setTimeout()方法

　　setTimeout()用于在指定的某个时间段后执行代码,即经过指定时间间隔后调用函数、执行语句或运算表达式。

　　其语法格式如下。

```
var t=setTimeout("JavaScript 函数或语句",毫秒数);
```

　　setTimeout()方法会返回某个值。在上面的语句中,值被存储在名为 t 的变量中。如果希望取消调用或执行这个 setTimeout()方法,则可以使用这个变量名来指定它。

　　setTimeout()的第一个参数是含有 JavaScript 语句的字符串或函数,这个语句可能类似 alert ('5 seconds!'),或者函数调用(如 alertMsg());第二个参数表示从当前起多少毫秒后执行第一个参数。

1000 毫秒等于 1 秒。

【示例 4-12】 demo0412.html

　　执行以下代码,单击"试一试"按钮,然后等待 3 秒,将弹出消息框,显示祝福语。

```
<script>
function myFunction() {
    alert('Beautiful day and beautiful you.');
}
</script>
<input type="button" value="试一试" onclick="setTimeout(myFunction, 3000)">
```

示例编程

【示例 4-13】demo0413.html

在网页中显示一个钟表的代码如下。

```
<script>
function startTime()
{
  var today=new Date() ;
  var h=today.getHours() ;
  var m=today.getMinutes() ;
  var s=today.getSeconds() ;
  m=checkTime(m) ;
  s=checkTime(s) ;
  document.getElementById('txtTime').innerHTML=h+":"+m+":"+s ;
  t=setTimeout('startTime()' , 500) ;
}
function checkTime(i)
{
  if (i<10){
      i="0" + i ;
    }
  return i ;
}
</script>
<input type="button" value="单击这里" onclick="startTime()">
<div id="txtTime"></div>
```

2. clearTimeout()方法

clearTimeout()方法用于停止调用或执行 setTimeout()中指定的函数或语句。

其语法格式如下。

```
window.clearTimeout(timeoutVariable)
```

window.clearTimeout()方法可以不带 window 前缀来调用。

clearTimeout()使用从 setTimeout()返回的值作为参数，形式如下。

```
myVar = setTimeout( "JavaScript 函数或语句" , 毫秒数 );
clearTimeout(myVar);
```

例如：

```
<input type="button" value="试一试"
      onclick="myVar=setTimeout(myFunction, 3000)">
<input type="button" value="停止执行" onclick="clearTimeout(myVar)">
```

示例编程

【示例 4-14】demo0414.html

实现 10 秒倒计时的代码如下。

```
<input type="button" value="单击开始" onclick="count()">
<p id="demo1">倒计时</p>
<script>
    let second =10;
    let timerId;
    function count(){
        document.getElementById("demo1").innerHTML = second;
```

```
            second--;
            if(second>0){
                timerId=setTimeout(count,1000);
                }
            else{
                clearTimeout(timerId);
                document.getElementById("demo1").innerHTML = "倒计时结束";
                }
            }
    </script>
```

3. setInterval()方法

setInterval()方法可按照给定的时间间隔（以毫秒计）来重复调用指定函数或计算表达式。setInterval()方法会不停地调用函数，直到 clearInterval()被调用或窗口被关闭。由 setInterval()返回的值可用作 clearInterval()方法的参数。

其语法格式如下。

setInterval("JavaScript 函数或语句", 毫秒数)

它的两个参数都是必需参数，其中第 1 个参数表示要调用的函数或要执行的语句，第 2 个参数表示周期性执行语句或调用函数的时间间隔，以毫秒计。

📖【示例 4-15】demo0415.html

显示当前时间的代码如下。

```
<p id="demo">显示当前时间</p>
<script>
var myVar = setInterval(displayTimer, 1000);
function displayTimer() {
    var d = new Date();
    document.getElementById("demo").innerHTML = d.toLocaleTimeString();
}
</script>
```

4. clearInterval()方法

clearInterval()方法用于停止 setInterval()方法中指定函数的调用或指定语句的执行。

其语法格式如下。

window.clearInterval(timerVariable)

window.clearInterval()方法可以不带 window 前缀来调用。

clearInterval()方法使用从 setInterval()返回的值作为参数，形式如下。

myVar = setInterval("JavaScript 函数或语句", 毫秒数);
clearInterval(myVar);

📖【示例 4-16】demo0416.html

以下代码用于显示当前时间，并添加了一个"停止时间"按钮。

```
<p id="demo"></p>
<input type="button" value="显示时间"
        onclick="myVar = setInterval(displayTimer, 1000)">
<input type="button" value="不显示时间" onclick="stopTimer()">
```

```
<script>
function displayTimer() {
    var d = new Date();
    document.getElementById("demo").innerHTML = d.toLocaleTimeString();
}
function stopTimer() {
    clearInterval(myVar);
    document.getElementById("demo").innerHTML = "停止时间";
}
</script>
```

实战演练

【任务 4-1】实现动态改变样式

【任务描述】

创建网页 0401.html，该网页的底部内容如图 4-1 所示。单击"应用 CSS 样式 1" 超链接时，网页将引用外部样式文件 style1.css，单击"应用 CSS 样式 2"超链接时，网页将引用外部样式文件 style2.css。编写代码实现此功能。

Copyright © 2023-2035 All Rights Reserved 蝴蝶工作室 版权所有　切换样式：应用CSS样式1 ｜ 应用CSS样式2

图 4-1　网页 0401.html 的底部内容

【任务实施】

创建网页 0401.html，该页面引用的外部样式文件 style1.css 的主要代码如表 4-1 所示。

表 4-1　外部样式文件 style1.css 的主要代码

序号	程序代码	序号	程序代码
01	div#proPanel div.proPanelCon1 {	08	div#proPanel div.proPanelCon3 {
02	background: url(../images/pro_bg1.gif)	09	background: url(../images/pro_bg3.gif)
03	#9edeff repeat-x left top;	10	#959595 repeat-x left top;
04	width: 260px;	11	width: 260px;
05	color: #013087;	12	color: #fff;
06	float: left;	13	float: right;
07	}	14	}

外部样式文件 style2.css 的主要代码如表 4-2 所示。

表 4-2　外部样式文件 style2.css 的主要代码

序号	程序代码	序号	程序代码
01	div#proPanel div.proPanelCon1 {	04	width: 260px;
02	background: url(../images/pro_bg3.gif)	05	color: #fff;
03	#959595 repeat-x left top;	06	float: right;

续表

序号	程序代码	序号	程序代码
07	}	11	width: 260px;
08	div#proPanel div.proPanelCon3 {	12	color: #013087;
09	background: url(../images/pro_bg1.gif)	13	float: left;
10	#9edeff repeat-x left top;	14	}

实现动态改变样式的 JavaScript 代码如表 4-3 所示。

表 4-3 实现动态改变样式的 JavaScript 代码

序号	程序代码
01	<script type="text/javascript">
02	function changestyle(name){
03	css=document.getElementById("cssfile");
04	css.href="css/"+name+".css";
05	}
06	</script>

表 4-3 中的代码解释如下。

（1）使用 document.getElementById(id)方法，根据指定的 id 获取 HTML 元素。

（2）使用 HTML 元素的 href 属性改变引用的外部样式文件。

网页 0401.html 底部内容对应的 HTML 代码如表 4-4 所示。

表 4-4 网页 0401.html 底部内容对应的 HTML 代码

序号	程序代码
01	<div id="bottom">Copyright © 2023-2035
02	All Rights Reserved 蝴蝶工作室 版权所有 切换样式:
03	<span style="cursor:pointer" onclick="changestyle('style1');">应用 CSS 样式 1</span>
04		
05	<span style="cursor:pointer" onclick="changestyle('style2');">应用 CSS 样式 2</span>
06	</div>

在网页 0401.html 中编写引用外部样式文件的代码，且设置其 id 为"cssfile"，完整代码如下。

```
<link href="css/style1.css" type="text/css" rel="stylesheet" id="cssfile" />
```

【任务 4-2】实现动态改变网页字体大小及关闭网页窗口

【任务描述】

创建网页 0402.html，该网页的底部导航栏如图 4-2 所示。分别单击"大""中""小"超链接，可以动态改变网页中文本的字体大小，单击"关闭"超链接会弹出"是否关闭此窗口"提示信息对话框，在该对话框中单击"是"按钮，将会关闭该网页窗口。编写代码实现此功能。

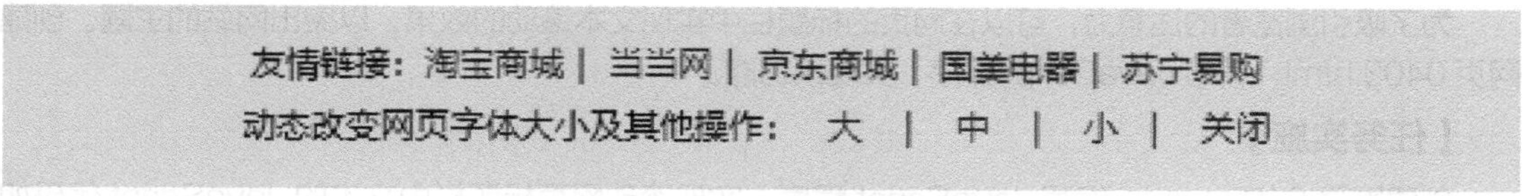

友情链接: 淘宝商城 | 当当网 | 京东商城 | 国美电器 | 苏宁易购

动态改变网页字体大小及其他操作: 大 | 中 | 小 | 关闭

图 4-2 网页 0402.html 的底部导航栏

【任务实施】

创建网页 0402.html，编写 JavaScript 程序，自定义函数 setFontSize()对应的代码如表 4-5 所示。

表 4-5　自定义函数 setFontSize()对应的代码

序号	程序代码
01	`<script type="text/javascript">`
02	`<!--`
03	`  function setFontSize(size){`
04	`    document.getElementById('bc').style.fontSize=size+'px'`
05	`  }`
06	`//-->`
07	`</script>`

表 4-5 中的代码通过设置 HTML 元素的样式属性 style.fontSize 来改变网页中文本的字体大小。自定义函数 setFontSize()带有 1 个参数，该参数用于传递字体大小数值。如果想用 JavaScript 访问某个 HTML 元素，则可以使用 document.getElementById(id)方法，通过 id 属性来标识 HTML 元素。这里通过 document.getElementById('bc')找到 id 为 "bc" 的元素，然后改变该元素的样式属性值。

网页 0402.html 的底部导航栏对应的 HTML 代码如表 4-6 所示。通过调用 window 对象的 close() 方法关闭网页窗口。

表 4-6　网页 0402.html 的底部导航栏对应的 HTML 代码

序号	程序代码
01	`<div id="bc">`
02	`友情链接：<a href="http://www.taobao.com/" target="_blank">淘宝商城</a> |`
03	`<a href="http://www.dangdang.com/" target="_blank">当当网</a> |`
04	`<a href="https://www.jd.com/" target="_blank">京东商城</a> |`
05	`<a href="http://www.gome.com.cn/" target="_blank">国美电器</a> |`
06	`<a href="http://www.suning.cn/" target="_blank">苏宁易购</a> `
07	`动态改变网页字体大小及其他操作：  `
08	`<a href="javascript:setFontSize(16)">大</a>    |   `
09	`<a href="javascript:setFontSize(14.9)">中</a>    |   `
10	`<a href="javascript:setFontSize(12)" 小</a>   |   `
11	`<a href="javascript:window.close()" >关闭</a>`
12	`</div>`

【任务 4-3】实现滚动网页标题栏中的文本

【任务描述】

为了吸引浏览者的注意力，可以在网页的标题栏中实现文本滚动的效果，以突出网站的主题。创建网页 0403.html，编写 JavaScript 程序，实现该功能。

【任务实施】

创建网页 0403.html，编写 JavaScript 程序，实现滚动网页标题栏中文本的 JavaScript 代码如表 4-7 所示。

表4-7 实现滚动网页标题栏中文本的 JavaScript 代码

序号	程序代码
01	`<script type="text/javascript">`
02	`<!--`
03	`var titleWord="品天下美景-尽饱眼福";`
04	`var speed=300`
05	`var titleChange=" "+titleWord;`
06	`function titleScroll()`
07	`{`
08	`if(titleChange.length<titleWord.length) titleChange+="-"+titleWord;`
09	`titleChange=titleChange.substring(1,titleChange.length);`
10	`document.title=titleChange.substring(0,titleWord.length);`
11	`window.setTimeout("titleScroll()",speed);`
12	`}`
13	`//-->`
14	`</script>`

在<body>标签中添加代码"onLoad="titleScroll()"",当页面加载完成时调用函数 titleScroll()实现滚动网页标题栏中的文本。

表4-7 中的代码解释如下。

（1）03 行在声明变量 titleWord 的同时进行赋值，该变量中存储标题栏中滚动的文本内容"品天下美景-尽饱眼福"。

（2）04 行在声明变量 speed 的同时进行赋值，该变量中存储了时间间隔300 毫秒。

（3）05 行声明变量 titleChange，同时将连接表达式的值赋给该变量，即在字符串"品天下美景-尽饱眼福"的第一个字符前添加一个空格。

（4）06～12 行定义函数 titleScroll()。

（5）由于在<body>标签中包含代码"onLoad="titleScroll()""，即当网页文档载入完成时触发onLoad 事件，第一次调用函数 titleScroll()。此时变量 titleWord 的初始值为"品天下美景-尽饱眼福"，titleWord.length 的初始值为 11。变量 titleChange 的初始值为"品天下美景-尽饱眼福"，titleChange.length 的初始值为12，其第一个字符为空格。

> 所检测的长度是以 Unicode 字符计算的，一个英文字母是一个 Unicode 字符，一个汉字也是一个 Unicode 字符，也就是说，全角字符与半角字符的长度都为1。

此时，由于 titleChange.length>titleWord.length，也就是说，08 行 if 语句的条件表达式的值为false，对应的语句没有被执行。

按顺序执行09 行的语句，此时 titleChange.length 的值为12，截取的子字符串是第1 个字符～第11 个字符，即截取的子字符串为"品天下美景-尽饱眼福"，首字符空格被截除了。

按顺序执行 10 行的语句后截取的子字符串为"品天下美景-尽饱眼福"，截取的子字符串与变量titleWord 的初始值相同。此刻网页标题栏中显示的文本为"品天下美景-尽饱眼福"。

（6）按顺序执行11 行的语句，每隔指定毫秒时间（此程序为 300 毫秒）调用一次函数 titleScroll()。

经过 300 毫秒后，第二次调用函数 titleScroll()，此时 titleChange.length 和 titleWord.length 的值都为11，08 行的 if 语句的条件表达式的值为 true，对应的语句被执行。

请读者扫描二维码，进入本模块在线习题，完成练习并巩固学习成果。

在线评测

模块 5
JavaScript 对象编程及应用

　　JavaScript 是一种基于对象的脚本语言，ES6 引入了 JavaScript 类。JavaScript 中的几乎一切（除了原始值之外的 JavaScript 值）都是对象。本模块主要介绍与应用 JavaScript 对象。

📝 知识启航

5.1　JavaScript 的字符串对象及方法

　　JavaScript 的字符串（String）对象是存储 0 个、1 个或多个字符的变量。
　　JavaScript 字符串用于存储和操作文本，字符串是用引号括起来的 0 个、1 个或多个字符。

1. 定义（创建）JavaScript 字符串的语法格式

　　JavaScript 字符串可以使用单引号（''）或双引号（""）包括起来。也可以在字符串中使用引号，只要不同于包括起来字符串的引号即可。
　　（1）通过字面方式定义字符串。
　　例如：

```
var answer="Nice to meet you!" ;
var answer="He is called '常胜'" ;
var stuName1="安静" ;
typeof stuName1    //将返回 string
```

　　（2）通过关键字 new 将字符串定义为对象。
　　例如：

```
var stuName2 = new String("安静")
typeof stuName2    //将返回 object
```

　　建议不要把字符串定义为对象，因为 new 关键字会使代码复杂化，也会拖慢代码的执行速度，还可能会产生一些意想不到的结果。
　　当使用"=="运算符时，两个相同的字符串的运算结果为 true。例如，在以上代码中，(stuName1 == stuName2)的运算结果为 true，因为字符串变量 stuName1 和 stuName2 的值相等。
　　当使用"==="运算符时，两个相同的字符串的运算结果不一定为 true，因为"==="运算符需要同时满足类型相同和值相等两个条件。只有当两个字符串的类型相同和值相等时，运算结果才为 true；如果仅有值相等，类型不同，则运算结果为 false。例如，在以上代码中，(stuName1 === stuName2)的运算结果为 false，因为字符串变量 stuName1 和 stuName2 的值相等，但类型不同，stuName1

的类型为 string，stuName2 的类型为 object。

另外，JavaScript 对象无法进行比较，比较两个 JavaScript 对象将始终返回 false。

2. 转义字符及其应用

在字符串中如果需要使用单引号（ ' ）、双引号（ "" ）或反斜杠（ \ ），则可以使用以反斜杠开头的转义字符。转义字符可以把特殊字符转换为字符串中的字符。JavaScript 中的转义字符如表 5-1 所示。

表 5-1　JavaScript 中的转义字符

转义字符	输出形式	功能说明
\'	'	单引号
\"	"	双引号
\\	\	反斜杠
\b		退格符
\f		换页符
\n		换行符
\r		回车符
\t		水平制表符
\v		垂直制表符

从表 5-1 可以看出，\"表示在字符串中插入双引号，\'表示在字符串中插入单引号，\\表示在字符串中插入反斜杠。

例如：

```
var str = 'It\'s good to see you again';
var x = "字 符 \\ 被称为反斜杠。";
```

3. String 对象的属性与方法

String 对象的属性与方法如表 5-2 所示。

表 5-2　String 对象的属性与方法

方法或属性	功能描述	示例代码	显示结果
length 属性	计算字符串的长度	var str="JavaScript"; str.length	10
toUpperCase()	将字符串转换为大写形式	str.toUpperCase()	JAVASCRIPT
toLowerCase()	将字符串转换为小写形式	str.toLowerCase()	javascript
indexOf("子字符串"，起始位置)	返回字符串中某个指定的字符或子字符串从左至右首次出现的位置（索引）。JavaScript 从 0 开始计算位置，其中 0 表示字符串中的第 1 个位置，1 表示第 2 个，2 表示第 3 个，以此类推。如果包含第 2 个参数，即指定了起始位置，则从指定的起始位置开始检索，直到最后 1 个字符为止。如果没有找到要查找的文本，则返回-1。该方法无法使用正则表达式进行检索	str.indexOf("a") str.indexOf("e") str.indexOf("Java") str.indexOf("Script")	1 -1 0 4
lastIndexOf("子字符串"，起始位置)	返回字符串中某个指定的字符或子字符串从右至左（即从末尾到开头）首次出现的位置，注意计数顺序仍然是从左往右。如果包含第 2 个参数，即指定了起始位置，则从指定的起始位置开始检索，直到第 1 个字符为止。如果没有找到要查找的文本，则返回-1	str.lastIndexOf("a") str.lastIndexOf("b")	3 -1

续表

方法或属性	功能描述	示例代码	显示结果
search()	搜索特定值的字符或子字符串，并返回匹配的位置，但无法设置起始位置参数	str.search("Script")	4
match(regexp)	查找字符串中特定的字符或子字符串，并且如果能找到，则返回这个字符或子字符串。 该方法可以根据正则表达式 regexp 在字符串中搜索匹配项，并将匹配项作为数组返回。如果未找到匹配项，则返回 null。 如果正则表达式不包含 g 修饰符（执行全局搜索），则 match()方法将只返回字符串中的第 1 个匹配项	str.match("Java") str.match("World") str.match(/a/g)	Java null a,a
includes()	如果字符串包含指定字符或子字符串，则 includes()方法将返回 true	str.includes("Java") str.includes("world")	true false
replace()	用某些字符替换字符串中指定的字符或子字符串，不会改变调用它的字符串，它返回的是 1 个新字符串。默认情况下，replace()只会替换首个匹配的字符或子字符串。 默认情况下，replace()对字母大小写敏感，如需执行字母大小写不敏感的替换，则使用正则表达式/i（字母大小写不敏感），注意正则表达式不带引号。 如需替换所有匹配项，则使用正则表达式的 g 修饰符（用于全局搜索）	str.replace("S","s") str.replace(/S/,"s")	Javascript Javascript
slice(start, end)	提取字符串的某个部分，并在新字符串中返回被提取的部分。该方法可设置两个参数：起始位置（起始索引）、结束位置（终止索引）。 如果某个参数为负数，则表示从字符串的结尾开始计数，注意第 1 个参数表示起始位置，第 2 个参数表示结束位置。 提示： 如果省略第 2 个参数，则从起始位置开始提取，直到最后 1 个字符为止	str.slice(0,4) str.slice(-6,-1) str.slice(4) str.slice(-6)	Java Script Script Script
substring(start, end)	从指定的字符串中截取一定数量的字符，类似于 slice()，不同之处在于 substring()无法接受负的索引。 如果省略第 2 个参数，则从起始位置开始提取，直到最后 1 个字符为止	str.substring(0,4) str.substring(4)	Java Script
substr(start, length)	从指定的字符串中截取一定数量的字符，类似于 slice()，不同之处在于第 2 个参数用于指定被提取部分的长度。 如果省略第 2 个参数，则从起始位置开始提取，直到最后 1 个字符为止。 如果第 1 个参数为负数，则从字符串的结尾开始计算位置。但第 2 个参数不能为负数，因为它表示的是长度	str.substr(4,6) str.substr(4) str.substr(-6)	Script Script Script
charAt(index)	从指定的字符串中获取指定索引位置的字符	str.charAt(0) str.charAt(4)	J S
charCodeAt()	返回字符串中指定索引对应字符的 Unicode 编码	str.charCodeAt(1)	97

续表

方法或属性	功能描述	示例代码	显示结果
concat()	连接两个或多个字符串，该方法可用于代替"+"运算符，但 concat()方法不会改变原数组的长度	var text1 = "Hello "; var text2 = JavaScript"; text3 = text1.concat(" ", text2);	Hello JavaScript
trim()	删除字符串两端的空白字符	var str = " JavaScript "; str.trim()	JavaScript

split()	将字符串转换为数组，如果省略分隔符，则返回值将是整个字符串。
	如果分隔符是""，则返回值将由分隔的单个字符组成
		// 字符串
		var txt = "Hello";
		// 分隔为字符
		txt.split("");
			H,e,l,l,o

小贴士

String 对象的 substring () 和 substr () 的区别如下。

String 对象的 substring () 方法的一般形式为 substring (start, end)，用于从字符串中截取子字符串，其两个参数分别是截取子字符串的起始字符和终止字符的索引值，截取的子字符串不包含索引值较大的参数对应的字符。若忽略 end，则字符串的末尾字符是终止值。若 start=end，则返回空字符串。

String 对象的 substr () 方法的一般形式为 substr (start, length)，用于从 start 索引开始，向后截取 length 个字符。若省略 length，则一直截取到字符串结尾；若 length 设定的值大于字符串的长度，则返回到字符串结尾的子字符串。

4. JavaScript 字符串模板

字符串模板的字面量使用反引号(``)而不是引号 ("")来定义字符串，在英文字母输入状态下按【Esc】键下边那个键即可输入反引号。

例如：

```
let str = `Hello World! `;
```

（1）字符串内的引号。通过使用字符串模板的字面量，可以在字符串中同时使用单引号和双引号。

例如：

```
let text = `He's often called "Ginny"`;
```

（2）多行字符串。字符串模板的字面量允许输入多行字符串。

（3）插值。字符串模板的字面量提供了一种将变量和表达式插入字符串的简单方法，该方法称为字符串插值（String Interpolation），即用真实值自动替换变量或表达式。

其语法格式如下。

```
${...}
```

① 变量替换。字符串模板的字面量允许字符串中出现变量。

② 表达式替换。字符串模板的字面量允许字符串中出现表达式。

示例编程

📖 【示例 5-1】 demo0501.html

代码如下：

```
let userName="向阳";
document.write(`欢迎 ${userName} 登录!`);
document.write("<br>");
let price=9.5;
let num=20;
document.write(`金额为${price * num}`);
```

5.2 JavaScript 的数值对象及方法

数值（Math）对象包含用于各种数学运算的属性和方法，Math 对象的数学函数可以在不使用构造方法创建对象时直接调用，调用形式为 Math.数学函数(参数)。

例如，计算 cos(π/6)的表达式可以写为 Math.cos(Math.PI/6)。

1. Math 属性（常量）

JavaScript 提供了 8 种可由 Math 对象访问的属性（常量）。

（1）欧拉指数：Math.E。

（2）圆周率：Math.PI。

（3）2 的平方根：Math.SQRT2。

（4）1/2 的平方根：Math.SQRT1_2。

（5）2 的自然对数：Math.LN2。

（6）10 的自然对数：Math.LN10。

（7）以 2 为底的 e 的对数：Math.LOG2E。

（8）以 10 为底的 e 的对数：Math.LOG10E。

2. Math 对象

通常 JavaScript 的数值是通过字面量创建的原始值，也可以通过关键字 new 定义为对象。

例如：

```
var x = 123;              // typeof x 返回 number
var y = new Number(123);  // typeof y 返回 object
```

建议不要创建数值对象，否则会拖慢程序的执行速度，new 关键字也会使代码复杂化，并产生某些无法预料的结果。

当使用 "==" 运算符时，只要值相等，数值的比较结果就为相等。

当使用 "===" 运算符时，相等的数值可能变得不相等，因为 "===" 运算符需要满足类型相同和值相等两个条件。

示例编程

📖 【示例 5-2 】demo0502.html

代码如下：

```
var x = 500;
var y = new Number(500);
document.write(x == y);     // (x == y)的运算结果为 true，因为 x 和 y 有相等的值
document.write("<br>");
document.write(x === y);    // (x === y)的运算结果为 false，因为 x 和 y 的类型不同
```

此外，JavaScript 对象之间无法进行比较。

3. Math 对象的函数

除了可以被 Math 对象访问的属性，Math 对象还有多个函数可以使用，如表 5-3 所示。

表 5-3　Math 对象的函数

函数	功能描述	示例	函数返回值
round(x)	对一个数进行四舍五入运算，返回值是与 x 最接近的整数	Math.round(4.7)	5
		Math.round(4.3)	4
pow(x, y)	返回值是 x 的 y 次幂	Math.pow(8, 2);	64

续表

函数	功能描述	示例	函数返回值
sqrt(x)	返回 x 的平方根	Math.sqrt(64)	8
abs(x)	返回 x 的绝对值（正数）	Math.abs(-4.7)	4.7
floor()	返回小于或等于指定参数的最大整数	Math.floor(4.2)	4
		Math.floor(4.7)	4
ceil()	返回大于或等于指定参数的最小整数	Math.ceil(4.7)	5
		Math.ceil(6.4)	7
max()	返回参数列表中最大的数	Math.max(-3 , 5)	5
		Math.max(2,4,6,8)	8
min()	返回参数列表中最小的数	Math.min(-3,5)	-3
		Math.min(2,4,6,8)	2
sin(x)	返回角度 x（以弧度计）的正弦值（介于-1 与 1 之间的值）	Math.sin(90 * Math.PI / 180)	1
cos(x)	返回角度 x（以弧度计）的余弦值（介于-1 与 1 之间的值）	Math.cos(0 * Math.PI / 180)	1
random()	返回一个 0（包括 0）～1（不包括 1）的随机数	Math.random()	0.9370844220218102

4. JavaScript 的 Math 方法

JavaScript 所有的 Math 方法都可用于任意类型的数值，包括字面量、变量或表达式。

（1）toString()方法。

toString()方法以字符串方式返回数值。

【示例 5-3】demo0503.html

代码如下：

```
var x = 123;
x.toString();              // 根据变量 x 返回 123
(123).toString();          // 根据文本 123 返回 123
(100 + 23).toString();     // 根据表达式 100 + 23 返回 123
```

（2）toFixed()方法。

toFixed()方法用于返回字符串值，返回值包含指定小数位数的数值。

【示例 5-4】demo0504.html

代码如下：

```
var x = 9.656;
x.toFixed(0);              // 返回 10
x.toFixed(2);              // 返回 9.66
x.toFixed(4);              // 返回 9.6560
```

（3）toPrecision()方法。

toPrecision()方法用于返回字符串值，返回值包含指定长度的数值。

【示例 5-5】demo0505.html

代码如下：

```
var x = 9.656;
x.toPrecision();          // 返回 9.656
```

```
x.toPrecision(2);        // 返回 9.7
x.toPrecision(4);        // 返回 9.656
x.toPrecision(5);        // 返回 9.6560
```

（4）valueOf()方法。

所有 JavaScript 数据类型都有 valueOf()和 toString()方法，其中 valueOf()方法以数值方式返回。

📖【示例 5-6】demo0506.html

代码如下：

```
var x = 123;
x.valueOf();             // 根据变量 x 返回 123
(123).valueOf();         // 根据文本 123 返回 123
(100 + 23).valueOf();    // 根据表达式 100 + 23 返回 123
```

5. JavaScript 的全局方法

JavaScript 的全局方法可用于所有 JavaScript 数据类型。

（1）Number()方法。

Number()方法用于把 JavaScript 变量转换为数值。如果无法转换为数值，则返回 NaN。

📖【示例 5-7】demo0507.html

代码如下：

```
x = true;
Number(x);       // 返回 1
x = false;
Number(x);       // 返回 0
x = "10"
Number(x);       // 返回 10
x = "10 20"
Number(x);       // 返回 NaN
```

Number()方法也可以把日期转换为数值。

📖【示例 5-8】demo0508.html

代码如下：

```
d1 = new Date();
Number(d1);              // 返回日期对应的数值
d2 = new Date("2022-10-16")
Number(d2);              // 1665878400000
```

上述代码中的 Number()方法用于返回 1970 年 1 月 1 日至 2022 年 10 月 16 日的毫秒数。

（2）parseInt()方法。

parseInt()方法用于解析一段字符串并返回数值。它允许字符串包含空格，并且只返回首个整数。如果无法返回数值，则返回 NaN。

📖【示例 5-9】demo0509.html

代码如下：

```
parseInt("10");          // 返回 10
parseInt("10.33");       // 返回 10
```

JavaScript 程序设计基础与实战

```
parseInt("10 20 30");    // 返回 10
parseInt("10 years");    // 返回 10
parseInt("years 10");    // 返回 NaN
```

（3）parseFloat() 方法。

parseFloat() 方法用于解析一段字符串并返回数值。它允许字符串包含空格，并且只返回首个数值。如果无法返回数值，则返回 NaN。

📖 【示例 5–10】demo0510.html

代码如下：

```
parseFloat("10");        // 返回 10
parseFloat("10.33");     // 返回 10.33
parseFloat("10 20 30");  // 返回 10
parseFloat("10 years");  // 返回 10
parseFloat("years 10");  // 返回 NaN
```

5.3 JavaScript 的日期对象及方法

日期（Date）对象主要用于从系统中获得当前的日期和时间，设置当前日期和时间，将时间、日期同字符串进行转换等操作。

1. JavaScript 的日期格式

JavaScript 将日期存储为自 1970 年 1 月 1 日 00:00:00 UTC 以来的毫秒数，零时间为 1970 年 1 月 1 日 00:00:00 UTC，当前的时间则为 1970 年 1 月 1 日之后的毫秒数。

UTC（Universal Time Coordinated，世界协调时）又称世界统一时间、世界标准时间、国际协调时间。UTC 等同于 GMT（Greenwich Mean Time，格林尼治标准时）。

默认情况下，JavaScript 将使用浏览器的时区信息并将日期显示为文本字符串，例如：

Sat Oct 15 2022 06:28:24 GMT+0800 (中国标准时间)

在设置日期时，如果不规定时区，则 JavaScript 会使用浏览器的时区信息。当获取日期时，如果不规定时区，则结果会被转换为浏览器的时区信息对应的日期。

（1）ISO 日期格式。

ISO 8601 是表示日期和时间的国际标准，ISO 8601 的日期格式（YYYY-MM-DD）也是 JavaScript 首选的日期格式。

① 完整日期。例如，var d = new Date("2022-10-16");。

② 指定年和月。例如，var d = new Date("2022-10");。

③ 只指定年。例如，var d = new Date("2022");。

④ 使用完整日期加时、分和秒。例如，var d = new Date("2022-10-16T09:18:00");

这里日期和时间使用大写字母 T 来分隔，UTC 使用大写字母 Z 来定义。在日期-时间字符串中省略 T 或 Z，在不同浏览器中会产生不同结果。

（2）短日期格式。

短日期通常使用 "MM/DD/YYYY" 这样的语法格式，例如：

var d = new Date("10/16/2022");

（3）长日期格式。

长日期通常使用 "MMM DD YYYY" 这样的语法格式，例如：

88

```
var d = new Date("Oct 16 2022");
```
长日期格式有以下特点。

① 月和日能够以任意顺序出现。例如，var d = new Date("16 Oct 2022") ;。

② 月能够以全称或缩写表示。例如，var d = new Date("16 October 2022");。

③ 对字母大小写不敏感。例如，var d = new Date("16 OCT 2022") ;。

（4）接受完整日期格式。

JavaScript 接受"完整日期格式"的日期字符串，并且会忽略该字符串中轻微的格式错误。例如：
```
var d = new Date("Sun Oct 16 2022 09:18:00 GMT+0800 (中国标准时间)");
```

2. 定义日期

Date 对象用于处理日期和时间，可以通过 new 关键字来定义 Date 对象。

（1）使用 new Date()创建 Date 对象。

new Date()使用当前日期和时间创建新的 Date 对象。

以下代码定义了名称为 d 的 Date 对象。
```
var d=new Date();
```

小贴士

Date 对象自动使用当前的日期和时间作为其初始值。

（2）使用 new Date(year, month, day, hours, minutes, seconds, milliseconds)创建 Date 对象。

new Date(year,month,day,hours,minutes,seconds,milliseconds)用指定的日期和时间创建新的 Date 对象，7 个参数按顺序分别用于指定年、月、日、小时、分钟、秒和毫秒。例如：
```
var d = new Date(2022, 10, 16, 09, 18, 30, 0);
```

小贴士

使用 new Date(year, month, day, hours, minutes, seconds, milliseconds) 创建 Date 对象时，毫秒、秒、分钟、小时、日允许省略。如果指定 6 个参数，则指定年、月、日、小时、分钟、秒；如果指定 5 个参数，则指定年、月、日、小时和分钟；如果指定 4 个参数，则指定年、月、日和小时；如果指定 3 个参数，则指定年、月和日；如果指定 2 个参数，则指定年和月；如果只提供 1 个参数，则将其视为毫秒数。

（3）使用 new Date(dateString)创建 Date 对象。

new Date(dateString)使用日期字符串创建一个新的 Date 对象。例如：
```
var d = new Date("October 16, 2022 09:18:00");
```
（4）使用 new Date(milliseconds)创建 Date 对象。

new Date(milliseconds)用于基于毫秒数创建一个新的 Date 对象。

以下代码创建的日期为 Thu Jan 01 1970 08:00:00 GMT+0800 (中国标准时间)。
```
var d = new Date(0);              //创建一个零时间加 0 毫秒的 Date 对象
```
以下代码创建的日期为 Fri Jan 02 1970 08:00:00 GMT+0800 (中国标准时间)。
```
var d = new Date(86400000);    //创建一个 1970 年 1 月 1 日加上 1 天的毫秒数的 Date 对象
```

3. 显示日期

默认情况下，JavaScript 将以全文本字符串格式输出日期。

对于下面定义的 Date 对象，可以有多种输出形式。

```
var d = new Date("October 16, 2022 09:18:00");
```

（1）使用 toString()方法转换为字符串。

例如，d.toString()，其输出形式为 Sun Oct 16 2022 09:18:00 GMT+0800 (中国标准时间)。

（2）使用 toDateString()方法将日期转换为更易读的形式。

例如，d.toDateString()，其输出形式为 Sun Oct 16 2022。

（3）使用 toUTCString()方法将日期转换为 UTC 字符串。

UTC 也是一种日期显示标准。

例如，d.toUTCString()，其输出形式为 Sun, 16 Oct 2022 01:18:00 GMT。

4. 操作日期

使用针对 Date 对象的方法，可以很容易地对日期进行操作。

【示例 5-11】demo0511.html

为 Date 对象设置一个特定的日期（2023 年 10 月 1 日）的代码如下。

```
var d=new Date();
d.setFullYear(2023 , 9 , 1);
document.write(d);
```

表示月的参数为 0～11。也就是说，如果希望把月设置为 10 月，则参数应该是 9。

以下代码用于将 Date 对象设置为 5 天后的日期。

```
var d=new Date();
d.setDate(d.getDate()+5);
document.write(d);
```

如果增加天数会改变月或者年，那么 Date 对象会自动完成转换操作。

5. 比较日期

Date 对象也可用于比较两个日期。

【示例 5-12】demo0512.html

将 2022 年 10 月 16 日与 2022 年 10 月 1 日进行比较的代码如下。

```
var date1, date2, info;
date1 = new Date();
date1.setFullYear(2022, 10, 1);
date2 = new Date();
date2.setFullYear(2022, 10, 16);
if (date1 < date2) {
    info = "日期 date1 在日期 date2 之前";
```

```
        } else {
            info = "日期 date1 在日期 date2 之后";
        }
    document.write(info);
```

6. Date 对象的方法

Date 对象的方法主要用于获取并设置日期值（年、月、日、时、分、秒、毫秒）。

（1）JavaScript 的日期获取方法。

JavaScript 中获取日期某个部分的方法如表 5-4 所示。

表 5-4　JavaScript 中获取日期某个部分的方法

方法	功能描述	示例	显示结果
Date()	获取当前的日期和时间，也可以创建 Date 对象	var d = new Date();	Sun Oct 16 2022 08:04:25 GMT+0800 (中国标准时间)
getTime()	返回 1970 年 1 月 1 日至今的毫秒数	d.getTime()	1665878665826
getFullYear()	根据日期以 4 位数字返回年	d.getFullYear()	2022
getMonth()	根据日期返回月份（0~11），对 1 月返回 0，对 2 月返回 1，……，对 12 月返回 11	d.getMonth()	9
getDate()	根据日期返回一个月中的某一天的数值（1~31）	d.getDate()	16
getHours()	以数字（0~23）返回日期的小时数	d.getHours()	8
getMinutes()	以数字（0~59）返回日期的分钟数	d.getMinutes()	4
getSeconds()	以数字（0~59）返回日期的秒数	d.getSeconds()	5
getMilliseconds()	以数字（0~999）返回日期的毫秒数	d.getMilliseconds()	349
getDay()	以数字（0~6，0 表示星期日，1 表示星期一，……，6 表示星期六）根据日期返回一周中的某一天是星期几	d.getDay()	0

（2）JavaScript 的日期设置方法。

使用设置日期的方法可以设置 Date 对象的日期值（年、月、日、小时、分钟、秒、毫秒），如表 5-5 所示。

表 5-5　JavaScript 的日期设置方法

方法	功能描述	示例
setFullYear()	设置 Date 对象的年（月和日为可选项）	d.setFullYear(2022,10,16) d.setFullYear(2022)
setMonth()	以数值（0~11）设置 Date 对象的月	d.setMonth(10)
setDate()	以数值（1~31）设置 Date 对象的日	d.setDate(16) d.setDate(d.getDate() + 7)
setHours()	以数字（0~23）设置 Date 对象的小时数	d.setHours(22)
setMinutes()	以数字（0~59）设置 Date 对象的分钟数	d.setMinutes(32)
setSeconds()	以数字（0~59）设置 Date 对象的秒数	d.setSeconds(45)
setMilliseconds()	以数字（0~999）设置 Date 对象的毫秒数	d.setMilliseconds(500)
setTime()	设置时间（从 1970 年 1 月 1 日至今的毫秒数）	let timestamp=Date.UTC(2023,5,20,12,0,0,0); d.setTime(timestamp)

5.4 JavaScript 的数组对象及方法

数组（Array）是一种特殊的变量，它能够一次存放一个及以上的值。与普通变量的不同之处在于，数组可以把多个值和表达式放在一起，也可以同时存放很多值，还可以通过引用索引号来访问这些值。存放在 JavaScript 数组中的数据的类型和数量都没有限制，在脚本中声明数组之后，就可以随时访问数组中的任何数据。虽然数组可以保存 JavaScript 中的任何类型的数据，包括其他数组，但常见的做法是把类似的数据存储在同一个数组中，并给它指定一个与数组项有关联的名称。

1. 定义（创建）数组

（1）使用方括号标识多个值来定义数组。

其语法格式如下。

```
var array-name = [item1, item2, …] ;
```

JavaScript 数组的元素使用半角逗号 "," 予以分隔。

例如：

```
var color=["red" , "yellow" , "blue"] ;
```

声明可以横跨多行，允许包括空格和折行，但是最后一个元素之后不要添加逗号。

（2）使用关键字 new 来创建数组对象。

方法 1：创建数组对象的同时指定元素的值。

```
var color=new Array("red" , "yellow" , "blue") ;
```

小贴士

　　如果需要在数组内指定数值或者布尔值，那么元素类型应该是数值型或者布尔型，而不是字符串型。

方法 2：先单独创建数组对象，再为各数组元素赋值。

下面的代码用于单独定义一个名为 color 的数组对象。

```
var color=new Array() ;
```

有多种方法可以为数组元素赋值，也可以添加任意多个值，就像可以定义任意多个变量一样。

例如：

```
var color = new Array();
color[0]="red";
color[1]="yellow";
color[2]="blue";
```

也可以使用一个整数来控制数组的容量。

例如：

```
var color = new Array(3)
```

由于 new 关键字会使代码复杂化，还会产生某些不可预期的结果，因此尽量不要使用 JavaScript 的内建数组构造方法 new Array()创建数组对象，而使用[ ]取而代之。

下面两条语句用于创建名为 points 的空数组。

```
var points = new Array();    // 差
var points = [ ];            // 优
```

下面两条语句用于创建包含 6 个数字的数组。

```
var points = new Array(40, 100, 1, 5, 25, 10);    // 差
var points = [40, 100, 1, 5, 25, 10];             // 优
```

2. 使用关键字 const 声明数组

使用 const 声明数组已成为一种常见做法。

例如：

```
const fruits = ["Apple", "Pear"];
```

（1）无法重新赋值。

使用 const 声明的数组不能重新赋值。

例如：

```
const fruits = ["Apple", "Pear"];
fruits = ["Orange","Banana"];          // 出错
```

不允许在同一作用域或同一块中重新声明 const 数组或为现有的 const 数组重新赋值。

（2）数组不是常量。

关键字 const 有一定误导性，它定义的是对数组的常量引用。因此，用户仍然可以通过更改常量引用对应的数组的元素。

（3）元素可以重新赋值。

例如：

```
//可以更改常量数组的元素
const fruits = ["Apple", "Pear", "Orange"];
// 也可以更改元素
fruits[0] = "Mango";
// 还可以添加元素
fruits.push("Lemon");
```

（4）使用 const 声明的数组在声明时必须赋值。

JavaScript 中使用 const 声明的数组必须在声明时进行初始化。如果使用 const 声明数组但未初始化数组，则会产生一个语法错误。

例如，以下声明数组的代码执行时会出现"Uncaught SyntaxError: Missing initializer in const declaration"的错误提示信息。

```
const fruits
fruits = ["Apple", "Pear", "Orange"];
```

而使用 var 声明的数组可以随时初始化，以下代码可以正常运行。

```
var fruits
fruits = ["Apple", "Pear", "Orange"];
```

（5）const 块作用域。

使用 const 声明的数组具有块作用域，也就是说，在块中声明的数组与在块外声明的数组不同。

例如：

```
const fruits = ["Apple", "Pear", "Orange"];
// 此处的 fruits[0]为"Apple"
{
    const fruits = ["Pear", "Apple", "Orange"];
    // 此处的 fruits[0]为"Pear"
}
// 此处的 fruits[0]为"Apple"
```

使用 var 声明的数组没有块作用域。

例如：

```
var fruits = ["Apple", "Pear", "Orange"];
```

```
// 此处的 fruits[0]为"Apple"
{
    var fruits = ["Pear", "Apple", "Orange"];
    // 此处的 fruits[0]为"Pear"
}
// 此处的 fruits[0]为"Pear"
```

3. 重新声明数组

在程序中的任何位置都允许使用 var 重新声明数组。

```
var fruits = ["Apple", "Pear", "Orange"];        // 允许
var fruits = ["Apple", "Pear"];                  // 允许
fruits = ["Orange", "Banana"];                   // 允许
```

4. 访问数组元素

通过指定数组名及索引，就可以访问某个特定的元素。

以下代码声明（创建）了名为 students 的数组，包含 3 个元素。

```
students = ["张山", "李斯", "王武"];
```

数组索引的定义是基于 0 的，即数组索引从 0 开始，这意味着第 1 个元素的索引为[0]，第 2 个元素的索引为[1]，以此类推。

例如：

```
var color=new Array("red" , "yellow" , "blue") ;
document.write(color[0]) //输出的值是"red"
```

5. 修改数组元素的值

如果需要修改已有数组中的元素值，则向指定索引的元素添加一个新值即可。

例如：

```
color[0]="green" ;
students[0] = "安静";
```

6. 添加数组元素

向数组中添加新元素的最佳方法是使用 push()方法。

例如：

```
students.push("李白") ;
```

7. 访问完整数组

JavaScript 可以通过引用数组名来访问完整数组。

例如：

```
var color=new Array("red" , "yellow" , "blue") ;
document.getElementById("demo").innerHTML = color;
```

8. 数组的对象特性

数组是一种特殊类型的对象，在 JavaScript 中对数组使用 typeof 运算符会返回"object"。JavaScript 数组最好以数组形式来描述，在 JavaScript 中，数组使用数字索引，对象使用命名索引。

例如：

```
var person1 = [ "张山", "李斯", "王武" ];
```

数组可以使用数字来访问其元素，本例中，person1[0]返回"张山"。

```
var person2 = { name:"张山", age:19 , nativePlace:"上海" };
```

对象也可以使用名称来访问其成员，本例中，person2.name 返回"张山"。

9. JavaScript 中数组对象的主要属性和方法

JavaScript 中数组对象的常用属性是 length，用于设置或返回数组中元素的数目，即数组的长度。

【示例 5-13】 demo0513.html

代码如下：

```
var person = [ "张山", "李斯", "王武" ];
person.length;                  // 数组 person 的长度为3
person[person.length-1]         // 访问数组的最后一个元素"王武"
person[person.length] = "安静";   // 使用 length 属性向数组中添加新元素
document.write(person);
```

JavaScrip 中数组对象的方法较多，如表 5-6 所示。

声明数组的代码如下。

```
var fruits = ["Apple", "Pear", "Orange", "Banana"];
```

表 5-6 中的示例代码中大部分是基于数组 fruits 初始状态执行的，元素个数为 4，排序依次为 "Apple" "Pear" "Orange" "Banana"。

表 5-6　JavaScript 中数组对象的方法

方法	功能说明
toString()	把数组转换为字符串，并返回以逗号分隔的字符串。 例如：fruits.toString()　//输出结果为 Apple,Pear,Orange,Banana
join()	将数组的所有元素结合为一个字符串，元素可以通过指定的分隔符进行分隔，如果省略分隔符，则默认用逗号作为分隔符。 例如：fruits.join(" * ")　//输出结果为 Apple * Pear * Orange * Banana
concat()	连接（合并）两个或更多的数组，并返回一个新数组。concat()方法不会更改现有数组，总是返回一个新数组。concat()方法可以使用任意数量的数组参数。 ① 合并两个数组。 例如： var fruits1 = ["Apple", "Pear"] ; var fruits2 = ["Orange","Banana"] ; fruits=fruits1.concat(fruits2) ; 返回的新数组中元素有 Apple,Pear,Orange,Banana。 ② 将数组与值合并。 例如： var fruits1 = ["Apple", "Pear"]; fruits=fruits1.concat(["Orange","Banana"]) 返回的新数组中元素有 Apple,Pear,Orange,Banana
pop()	从数组中删除并返回最后一个元素，如果数组为空，则返回 undefined。 例如：fruits.pop();　　　　// 从 fruits 中删除最后一个元素"Banana"
push()	在数组的末尾处向数组中添加一个或更多元素，并返回新数组的长度。 例如：fruits1.push("Mango")　// 返回的值是 5
shift()	删除并返回数组的第一个元素，并把所有其他元素移至更小的索引；如果数组为空，则返回 undefined。 例如：fruits.shift();　　　　// 从 fruits 中删除第 1 个元素"Apple"
unshift()	在数组的开头添加一个或更多元素，并返回新数组的长度。 例如：fruits.unshift("Lemon");　// 向 fruits 中添加新元素"Lemon"，返回 5

方法	功能说明
slice()	根据已有的数组返回选定的元素，即用数组的某个片段切出新数组。 slice()方法只用于创建新数组，不会从原数组中删除任何元素。 ① 从指定位置开始切出新数组。 例如： var fruits = ["Apple", "Pear", "Orange","Banana"]; var fruits1 = fruits.slice(1) ;　　// Pear,Orange,Banana var fruits2 = fruits.slice(3) ;　　// Banana ② slice()接收两个参数。 从起始参数（如1）开始选取元素，直到终止参数（如3，但不包括3）为止。 例如： var fruits3 = fruits.slice(1, 3);　　// Pear,Orange ③ 如果省略结束参数，则slice()会切出数组的剩余部分。 例如： var fruits4 = fruits.slice(2);　　// Orange,Banana

splice()	① 删除元素，返回一个包含已删除元素的数组。
	例如：fruits.splice(0, 1) ; // 删除 fruits 中的第1个元素，返回包含第1个元素的数组
	参数说明：第1个参数"0"用于定义新元素应该被添加（接入）的位置，第2个参数"1"用于定义应该删除的元素个数，其余参数被省略。这里没有新元素将被添加。
	② 向数组添加新元素，返回一个包含已删除元素的数组。
	例如：
	var fruits = ["Apple", "Pear", "Orange","Banana"];
	fruits1.splice(2, 0, "Mango") ;　　// 从原数组中删除 0 个数组元素
	添加1个新元素的新数组为 Apple,Pear,Mango, Orange,Banana。
	var fruits = ["Apple", "Pear", "Orange","Banana"];
	fruits1.splice(2, 1, "Mango","Lemon") ;　　// 从原数组中删除 2 个数组元素
	参数说明：第 1 个参数"2"用于定义应添加（拼接）新元素的位置，这里索引为 2 的位置是 "Orange"；第 2 个参数"1"用于定义应删除的元素个数，这里将删除元素"Orange"，其余参数（"Mango","Lemon"）定义要添加的新元素。添加 2 个新元素，删除 1 个原元素后的新数组为 Apple,Pear,Mango,Lemon,Banana

sort()	对数组的元素进行排序，默认情况下，sort()函数按照字符串的 Unicode 字符序列对元素进行排序。 例如：fruits.sort();　　　　// 对 fruits 中的元素进行排序
reverse()	反转数组中元素的顺序。 例如：fruits.reverse() ;　　// 反转元素顺序
toSource()	返回该对象的源代码
toLocaleString()	把数组转换为本地数组，并返回结果
valueOf()	返回数组对象的原始值

5.5 JavaScript 的自定义对象

JavaScript 是一种基于对象的脚本语言，ES6 引入了 JavaScript 类。

JavaScript 在 ES6 之前的版本中不使用类，并不完全支持面向对象的程序设计方法，不具有继承性、封装性等面向对象的基本特性。ES6 之前，借助 JavaScript 的动态性，可以创建一个空的对象（而不是类），通过动态添加属性来完善对象的功能。

1. JavaScript 的对象

JavaScript 中"一切皆对象",JavaScript 中的字符串、数值、数组、日期、函数都是对象。对象是拥有属性和方法的特殊数据。JavaScript 可提供多个内建对象,如 String、Date、Array 等。

如果使用关键字 new 来声明 JavaScript 变量,则该变量会被创建为对象。

例如:

```
var str = new String();          // 把 str 声明为 String 对象
var num = new Number();          // 把 num 声明为 Number 对象
var bool = new Boolean();        // 把 bool 声明为 Boolean 对象
```

应尽量避免使用 String 对象、Number 对象或 Boolean 对象,因为这些对象会增加代码的复杂性并降低代码的执行速度。

JavaScript 也允许用户自定义对象。JavaScript 对象其实就是属性的集合,给定一个 JavaScript 对象,用户可以明确地知道一个属性是不是这个对象的属性。对象中的属性是无序的,并且其名称各不相同,如果出现同名的属性,则后声明的属性会覆盖先声明的属性。

在 JavaScript 中,对象也是变量,对象拥有属性和方法等。JavaScript 变量是数据值的容器,JavaScript 对象则是多个被命名值的容器。

当声明如下 JavaScript 变量时,实际上已经创建了一个 JavaScript 的 String 对象,String 对象拥有内建的属性 length。

```
var str = "Hello";
```

对于上面的字符串来说,length 的值是 5。String 对象同时拥有若干内建的方法。

例如:

```
str.indexOf()
str.replace()
str.search()
```

2. 自定义(创建)JavaScript 对象

在 JavaScript 中,有以下多种方法来创建对象。

① 定义和创建单个对象。

② 通过关键字 new 定义和创建单个对象。

③ 先定义对象构造方法,再创建构造类型的对象。

④ 在 ES 5 中,也可以通过 Object.create()函数来创建对象。

通过 JavaScript,用户能够定义并创建自己的对象。创建新 JavaScript 对象的方法有很多,且可以为已存在的对象添加属性和方法。

(1)直接使用键值对的形式创建对象。

自定义 JavaScript 对象的规则如下。

① 把左花括号"{"与对象名放在同一行。

② 在每个属性名与其值之间使用半角冒号,且冒号后面加一个空格。

③ 不要在最后一个键值对后面写逗号。

④ 在对象定义结束位置的新行上写右花括号"}",右花括号"}"前不加前导空格。

⑤ 对象定义始终以分号结束。

定义 JavaScript 对象时,空格和折行都是允许的,对象定义也允许横跨多行。

以下代码自定义(创建)了一个 JavaScript 对象。

```
var book = {
        bookName: "网页特效设计",
        author: "丁一",
```

```
        publishing: "人民邮电出版社",
        price: 38.8 ,
        edition: 2
} ;
```

这里定义的 book 对象有 5 个属性，即 bookName、author、publishing、price 和 edition，属性值分别为"网页特效设计"、"丁一"、"人民邮电出版社"、38.8、2。

也可以将对象定义写在一行或多行中。

例如：

```
var book={ bookName:"网页特效设计" , author:"丁一",
        publishing:"人民邮电出版社", price:38.8 , edition:2 };
```

（2）通过赋值方式创建对象的实例。

通过 new 关键字创建一个新的对象，并动态添加属性，从无到有地创建一个对象。

📖【示例 5-14】demo0514.html

创建一个名为 book 的对象，并为其添加 5 个属性，代码如下。

```
var book=new Object() ;
book.bookName="网页特效设计"
book.author="丁一"
book.publishing="人民邮电出版社"
book.price=38.8
book.edition=2
document.write("书　名：" + book.bookName +" <br> ");
document.write("作　者：" + book.author +" <br> ");
document.write("出版社：" + book.publishing +" <br> ");
document.write("价　格：" + book.price );
```

在 JavaScript 中，属性不需要单独声明，在赋值时即自动创建。

可将自定义对象的属性值赋给变量：x=book.bookName ;。

在以上代码执行后，x 的值将是"网页特效设计"。

（3）先定义对象的原型，再使用 new 关键字来创建新的对象实例。

创建对象构造方法，例如：

```
function book( bookName , author , publishing , price , edition )
  {
    this.bookName = bookName ;
    this.author = author ;
    this.publishing = publishing ;
    this.price = price ;
    this.edition = edition
  }
```

一旦创建了对象构造方法，就可以创建新的对象实例。例如：

```
var myBook=new book( "网页特效设计" , "丁一" , "人民邮电出版社" , 38.8 , 2 );
```

（4）对象定义的简写。

对于键和值，如果值是变量，并且变量和键同名，则可以这样写：

```
let stuName = 'LiMin', stuAge = 21;
let student = {
        stuName,
```

```
            stuAge,
            getName() {
                console.log(this.stuName)
                }
            }
```

3. JavaScript 对象的属性和方法

在面向对象的程序设计语言中，属性和方法常被称为对象的成员。

（1）JavaScript 对象的属性。

属性是与 JavaScript 对象相关的信息。例如，汽车是现实生活中的对象，汽车的属性包括品牌名、生产厂家、排量、重量、颜色等，所有汽车都具有这些属性，但是每款汽车的属性都不尽相同。汽车的方法可以是启动、驾驶、制动等，所有汽车都拥有这些方法，但是它们被执行的时间都不尽相同。

JavaScript 的属性是由键值对组成的，即属性名和属性值。JavaScript 对象中的"属性名:属性值"（name : value）被称为对象的属性。

JavaScript 对象的属性和方法由花括号"{ }"包裹，在花括号内部，对象的属性以"名称:值"的形式来定义，名称和值由半角冒号进行分隔，多个属性使用半角逗号","分隔。属性名是变量名，应符合变量命名规则，而值可以为任意的 JavaScript 对象。

例如：

```
var person = { name:"张山", sex:"男", age:19 };
```

所定义的对象 person 有 3 个属性，即 name、sex、age，属性值分别为"张山"、"男"、19。

（2）JavaScript 对象的方法。

JavaScript 对象也可以有方法，方法是在对象上执行的动作。对象的方法是让对象完成某些操作的函数，即方法名与属性名相似，方法与函数的定义形式相似。

例如：

```
var collectBooks = {
        bookName: "网页特效设计",
        price:38.8 ,
        quantity:5,
        amount:function() {
            return this.price*this.quantity;
            }
        };
```

4. 访问 JavaScript 对象的属性和方法

在 JavaScript 中引用对象时，根据对象的包含关系，要使用成员引用操作符"."一层一层地引用对象。例如，要引用 document 对象，应使用 window.document，由于 window 对象是默认的最上层对象，因此引用其子对象时，可以不使用 window，而直接使用 document。

当引用较低层次的对象时，一般有两种方式：使用对象索引或使用对象名（或 ID）。例如，要引用网页文档中的第一个表单对象，可以使用"document.forms[0]"的形式来实现；如果该表单的 name 属性为 form1（或者 ID 属性为 form1），则也可以使用"document.forms["form1"]"的形式或直接使用"document1.form1"的形式来引用该表单。如果在名为 form1 的表单中包括一个名为 text1 的文本框，则可以使用"document.form1.text1"的形式来引用该文本框对象。如果要获取该文本框中的内容，则可以使用"document.form1.text1.value"的形式。

对于不同的对象，通常还有一些特殊的引用方法，例如，若引用表单对象包含的对象，则可以使用 elements 数组；若引用当前对象，则可以使用 this。

要获取网页文档中图片的数量，可以使用"document.images.length"的形式。要设置图片的 alt 属性，可以使用"document.images[0].alt="图片 1";"的形式。要设置图片的 src 属性，可以使用 "document.images[0].src= document.images[1].src;"的形式。

（1）访问对象的属性。

属性是与对象相关的信息。访问对象属性的语法格式如下。

① 语法格式之一：对象名.属性名。例如，person.age，book.bookName。

② 语法格式之二：对象名["属性名"]。例如，person["age"]，book["bookName"]。

例如，使用 String 对象的 length 属性来获取字符串的长度的代码如下。

```
var message="Hello World!";
var x=message.length;
```

在以上代码执行后，x 的值为 12。

定义对象后可以更改其属性，例如，person.age = "20";。

还可以为对象添加新属性，例如，person.nativePlace = "上海";。

（2）访问对象的方法。

方法是能够在对象上执行的动作。

① 调用对象的方法。

其语法格式如下。

```
对象名.方法名(参数列表)
```

例如，使用 String 对象的 toUpperCase()方法来把文本转换为大写字母形式。

```
var message="Hello world!";
var x=message.toUpperCase();
```

在以上代码执行后，x 的值是"HELLO WORLD!"。

② 返回对象方法的定义。

若不使用圆括号"()"访问对象方法，则将返回对象方法的定义代码。

例如，collectBooks.amount 将返回对象方法 amount()的定义代码。

5.6 ES6 使用 class 构造对象

ES6 引入了 JavaScript 类，JavaScript 类是 JavaScript 对象的模板。

1. 使用关键字 class 创建 JavaScript 类

使用关键字 class 创建 JavaScript 类时始终添加名为 constructor()的方法。

其语法格式如下。

```
class ClassName {
    constructor() { … }
}
```

例如：

```
class Person {
    constructor(name, year) {
        this.name = name;
        this.year = year;
    }
}
```

上述示例创建了一个名为 Person 的类，该类有两个初始属性：name 和 year。

2. 使用 JavaScript 类创建对象

如果创建了一个 JavaScript 类，那么可以使用该类来创建对象。

例如：

```
let person1 = new Person("安好", 2002);
let person2 = new Person("安康", 2004);
```

以上代码使用 Person 类创建了两个 Person 对象，在创建新的对象时会自动调用 constructor() 方法。

3. JavaScript 类的构造方法

为创建新对象而设计的函数被称为对象构造方法（对象构造器）。JavaScript 类的构造方法 constructor()是一种特殊的方法，用于初始化对象属性，其特点如下。

① 它必须拥有确切名称。

② 创建新对象时自动执行。

③ 如果未定义构造方法，则 JavaScript 会添加空的构造方法。

4. 创建类方法

类方法与对象方法相同，必须先使用关键字 class 创建类，并且要始终添加 constructor()方法，再添加任意数量的类方法。

其语法格式如下。

```
class ClassName {
    constructor() { ··· }
    method_1() { ··· }
    method_2() { ··· }
}
```

示例编程

📖【示例 5–15】demo0515.html

以下代码创建了两个类方法。其中，一个类方法名为 getName，该方法用于返回姓名；另一个类方法名为 getAge，该方法用于返回年龄。

```
class Person {
    constructor(name, year) {
        this.name = name;
        this.year = year;
        }
    getName(){
        return this.name;
    }
    getAge(year1) {
        return year1 – this.year;
        }
    }
    let date = new Date();
    let year1 = date.getFullYear();
    let person1 = new Person("安好", 2002);
    let person2 = new Person("安康", 2004);
    document.write("今年" +person1.getName()+ person1.getAge(year1) + "岁。");
    document.write("<br>");
    document.write("今年" +person2.getName()+ person2.getAge(year1) + "岁。");
    document.write("<br>");
```

5. 类继承

如果需要使用类继承，则可以使用 extends 关键字，使用类继承创建的类将继承其父类的所有方法。类继承对于代码可重用性很有用，在创建新类时可以重用现有类的属性和方法。

📖【示例 5-16】demo0516.html

代码如下：

```javascript
//定义类 Point
class Point{
    constructor(x, y){
        this.x = x;
        this.y = y;
    }  // 不要加逗号
    toSting(){
        return `(${this.x}, ${this.y})`;
    }
}
// 实例化，得到一个对象
var p = new Point(10, 20);
console.log(p.x)
console.log(p.toSting());
class ColorPoint extends Point{
    constructor(x, y, color){
        super(x, y);  // 调用父类的 constructor(x, y)
        this.color = color;
    }  // 不要加逗号
    showColor(){
        console.log('My color is ' + this.color);
    }
}
var cp = new ColorPoint(10, 20, "red");
console.log(cp.x);
console.log(cp.toSting());
cp.showColor()
```

创建继承类时，通过在 constructor()方法中调用 super()方法，调用了父类的 constructor()方法，获得了父类属性和方法的访问权限。

5.7 JavaScript 的 this 指针

在传统的面向对象程序设计语言中，this 指针是在类中声明的，表示对象本身，而在 JavaScript 中，this 表示其所属的对象，即调用者的引用。

首先分析以下示例。

📖【示例 5-17】demo0517.html

```javascript
var stu1 = {    //定义一个人，名字为"向东"
    name : "向东",
    age : 20
}
```

```
var stu2 = {      //定义另一个人，名字为"向楠"
    name : "向楠",
    age : 19
}
function printName(){      //定义一个全局的函数对象
    return this.name;
}
//设置 printName()的上下文为 stu1，此时的 this 为 stu1
document.write(printName.call(stu1)) ;
//设置 printName()的上下文为 stu2，此时的 this 为 stu2
document.write(printName.call(stu2));
```

应该注意的是，this 的值并非由函数被声明的方式而确定，而是由函数被调用的方式而确定，这一点与传统的面向对象程序设计语言截然不同。call()是 Function 中的一个方法。

1. this 是什么？

JavaScript 中 this 指的是它所属的对象，它拥有不同的值，具体取决于其使用位置。

① 在方法中，this 指的是该方法的拥有者。

② 单独使用时，this 指的是全局对象。

③ 在函数中，默认状态下，this 指的是全局对象。

④ 在函数中，严格模式下，this 是 undefined。

⑤ 在事件中，this 指的是接收事件的元素。

⑥ 在顶层调用全局函数时，this 指的是 window 对象，因为全局函数其实就是 window 的属性。

⑦ 像 call()和 apply()这样的方法可以将 this 引用到任何对象。

call()和 apply()方法是预定义的 JavaScript 方法，它们都可以用于将一个对象作为参数来调用对象方法。

2. 方法中的 this

在对象方法中，this 指的是该方法的拥有者。下面的示例中，this 指的是"拥有"amount()方法的 collectBooks 对象，即 collectBooks 对象是 amount()方法的拥有者。

例如：

```
var collectBooks = {
    bookName: "网页特效设计",
    price:38.8 ,
    quantity:5,
    amount:function() {
        return this.price * this.quantity;
    }
};
```

这里 this.price 的意思是 collectBooks 对象的 price 属性。

3. 函数中的 this

（1）默认状态（非严格模式）下。

在 JavaScript 函数中，函数的拥有者默认绑定 this，因此，在函数中，this 指的是全局对象。

例如：

```
function myFunction() {
    return this;
}
```

（2）严格模式下。

JavaScript 的严格模式不允许默认绑定对象，因此，在该模式下，在函数中使用 this 时，this 是未定义的（undefined）。

例如：

```
"use strict";
function myFunction() {
    return this;
}
```

4. 事件处理程序中的 this

在 HTML 事件处理程序中，this 指的是接收此事件的 HTML 元素。

例如：

```
<input type="button" onclick="this.style.display='none'" value="单击后隐藏">
```

5.8 JavaScript 的正则表达式与应用

1. 什么是正则表达式？

正则表达式是构成搜索模式（Search Pattern）的字符序列，当需要搜索文本中的数据时，可以使用搜索模式来描述需要搜索的内容。

正则表达式可以是单字符，也可以是更复杂的模式。正则表达式可用于执行所有类型的文本搜索和文本替换操作。

正则表达式的语法格式如下。

```
/pattern/attributes
```

例如：

```
var patt = /is/i ;
```

这里的/is/i 是一个正则表达式，其中 is 表示在搜索中使用的模式，i 表示对字母大小写不敏感的修饰符，即 is、Is、iS、IS 都可以搜索到。

2. 正则表达式的修饰符

修饰符可用于对字母大小写不敏感的全局搜索，正则表达式的修饰符如表 5-7 所示。

表 5-7 正则表达式的修饰符

修饰符	功能描述	样例
i	执行对字母大小写不敏感的匹配	/is/i
g	执行全局匹配，即查找所有匹配项而非在找到第一个匹配项后停止查找	/is/g
m	执行多行匹配	/is/m

（1）i 修饰符。

i 修饰符用于执行对字母大小写不敏感的匹配。所有主流浏览器都支持 i 修饰符。

示例编程

📖【示例 5-18】demo0518.html

对字符串中的 is 进行全局且不区分字母大小写的搜索的代码如下。

```
var str="Is this all there is to drink?";
var patt1=/is/ig ;
document.write(str.match(patt1));
```

搜索结果中包含全部的 is，搜索结果为"ls,is,is"。

（2）g 修饰符。

g 修饰符用于执行全局匹配，即查找所有匹配项而非在找到第一个匹配项后停止查找。所有主流浏览器都支持 g 修饰符。

【示例 5-19】 demo0519.html

对字符串中的 is 进行全局搜索的代码如下。

```
var str="ls this all there is to drink?" ;
var patt1=/is/g ;
document.write(str.match(patt1));
```

由于字符串 str 中 ls 的首字母为大写形式，所以搜索结果中不包含 ls，只包括其后的 2 个 is。

（3）m 修饰符。

m 修饰符规定正则表达式可以执行多行匹配，它的作用是修改^和$在正则表达式中的作用，让它们分别表示行首和行尾。

在默认状态下，一个字符串无论是否换行都只有一个^和一个$，如果采用多行匹配，那么每一个行都有一个^和一个$。

【示例 5-20】 demo0520.html

对字符串中的 is 进行多行搜索的代码如下。

```
var str = "\nls th\nis all \nthere is to drink?";
var patt1 = /^is/;
document.write(str.match(patt1));        // 匹配失败，搜索结果为"null"
document.write("<br>");
var patt1 = /^is/m;
document.write(str.match(patt1));        // 搜索结果为"is"
```

上述代码中，在多行字符串中搜索 is 时，如果没有加 m 修饰符（即/^is/），则匹配失败，因为字符串的开头没有 is 字符；加上 m 修饰符（即/^is/m）后，^表示行首，因为 is 在字符串第 2 行的行首，所以可以成功匹配到 is。

3. 正则表达式的模式符

（1）带方括号的模式表达式。

方括号用于查找某个范围内的字符，带方括号的模式表达式如表 5-8 所示。

表 5-8　带方括号的模式表达式

表达式	描述	表达式	描述
[abc]	查找某个范围内的任何字符，方括号内的字符可以是任何字符或字符范围	[A-Z]	查找大写字母
[^abc]	查找任何不在某个范围内的字符，方括号内的字符可以是任何字符或字符范围	[A-z]	查找所有字母（不区分大小写）及某些特殊字符
[0-9]	查找数字	[adgk]	查找给定集合内的任何字符
[a-z]	查找小写字母	[^adgk]	查找给定集合外的任何字符
(x|y|z)	查找由"|"分隔的任何项		

（2）模式表达式中的元字符。

元字符（Metacharacter）是拥有特殊含义的字符，模式表达式中的元字符如表 5-9 所示。

表 5-9　模式表达式中的元字符

元字符	描述	元字符	描述
.	查找单个字符，除了换行符和行结束符	\d	查找数字
\w	查找单词字符	\D	查找非数字字符
\W	查找非单词字符	\b	匹配单词边界
\s	查找空白字符，空白字符可以是空格符、制表符、回车符、换行符、垂直换行符、换页符	\B	匹配非单词边界
\S	查找非空白字符	\0	查找 NUL 字符
\v	查找垂直制表符	\n	查找换行符
\xxx	查找以八进制数 xxx 规定的字符	\f	查找换页符
\xdd	查找以十六进制数 dd 规定的字符	\r	查找回车符
\uxxxx	查找以十六进制数 xxxx 规定的 Unicode 字符	\t	查找制表符

（3）模式表达式中的量词。

模式表达式中的量词如表 5-10 所示。

表 5-10　模式表达式中的量词

量词	描述	量词	描述
n+	匹配任何包含至少 1 个 n 的字符串	n{X,}	匹配包含至少 X 个 n 的序列的字符串
n*	匹配任何包含 0 个或多个 n 的字符串	n$	匹配任何结尾为 n 的字符串
n?	匹配任何包含 0 个或 1 个 n 的字符串	^n	匹配任何开头为 n 的字符串
n{X}	匹配包含 X 个 n 的序列的字符串	?=n	匹配任何其后紧接指定字符串 n 的字符串
n{X,Y}	匹配包含 X 或 Y 个 n 的序列的字符串	?!n	匹配任何其后没有紧接指定字符串 n 的字符串

5.9　JavaScript 的 RegExp 对象及其方法

在 JavaScript 中，RegExp 对象是带有预定义属性和方法的正则表达式对象，它是对字符串执行模式匹配的强大工具。当检索某段文本时，可以使用一种模式来描述要检索的内容，RegExp 对象就是这种模式。简单的模式可以是一个单独的字符，更复杂的模式包括更多的字符，可进行解析、格式检查、替换等，用户可以规定字符串中的检索位置，以及要检索的字符类型等。

1. 创建 RegExp 对象

（1）创建 RegExp 对象的语法格式如下。

```
new RegExp(pattern , attributes) ;
```

（2）RegExp 对象的参数说明。

参数 pattern 表示一个字符串，用于指定正则表达式的模式或其他正则表达式。

参数 attributes 表示一个可选的字符串，包含修饰符 g、i 和 m，分别用于指定全局匹配、不区分字母大小写的匹配和多行匹配。ECMAScript 标准化之前，不支持 m 修饰符。如果 pattern 是正则表达式，而不是字符串，则必须省略该参数。

（3）RegExp 对象的返回值。

一个新的 RegExp 对象具有指定的模式和标志。如果参数 pattern 是正则表达式，那么 RegExp() 构造方法将使用与指定的 RegExp 对象相同的模式和标志创建一个新的 RegExp 对象。

如果不使用 new 关键字，而将 RegExp() 作为函数调用，那么它的行为与用 new 关键字调用时的一样，只是当 pattern 是正则表达式时，它只返回 pattern，而不再创建一个新的 RegExp 对象。

（4）创建 RegExp 对象时抛出的异常。

创建 RegExp 对象时可能会抛出以下两种异常。

① SyntaxError：如果 pattern 不是合法的正则表达式，或 attributes 含有 g、i 和 m 之外的字符，则创建 RegExp 对象时会抛出该异常。

② TypeError：如果 pattern 是 RegExp 对象，但没有省略 attributes 参数，则抛出该异常。

2. 创建 RegExp 对象的修饰符

创建 RegExp 对象的修饰符如表 5-11 所示。

表 5-11 创建 RegExp 对象的修饰符

修饰符	直接量语法	语法格式
i	/regexp/i	new RegExp("regexp","i")
g	/regexp/g	new RegExp("regexp","g")
m	/regexp/m	new RegExp("regexp","m")

3. RegExp 对象的属性

RegExp 对象的属性如表 5-12 所示。

表 5-12 RegExp 对象的属性

属性	描述
global	表示 RegExp 对象是否具有全局标识 g
ignoreCase	表示 RegExp 对象是否具有忽略字母大小写标识 i
multiline	表示 RegExp 对象是否具有多行标识 m
lastIndex	一个整数，标识开始下一次匹配的字符位置
source	正则表达式的原文本

4. RegExp 对象的方法

RegExp 对象有两种方法：test() 和 exec()。

（1）test() 方法。

test() 方法用于检测一个字符串是否匹配某个模式，或者检索字符串中是否包含指定值，返回值是 true 或 false。

其语法格式如下。

```
RegExpObject.test(str)
```

RegExpObject 是正则表示式对象，参数 str 是要测试的字符串。

示例编程

📖 【示例 5-21】demo0521.html

test() 方法的应用示例如下。

```
<script type="text/javascript">
    var patt1=new RegExp("r");
    document.write(patt1.test("javascript")) ;
</script>
```

由于字符串中存在字符 r，以上代码的输出结果为"true"。

（2）exec()方法。

exec()方法用于检索字符串中的正则表达式的匹配项，或者检索字符串中是否包含指定值，返回值是被找到的值。如果没有发现匹配项或者字符串中不包含指定值，则返回 null。

其语法格式如下。

```
RegExpObject.exec(str)
```

参数 str 为必需参数，表示要检索的字符串。

exec()方法的功能非常强大，它是一个通用的方法，使用起来比 test()方法以及支持正则表达式的 String 对象的方法更为复杂。

如果 exec()找到了匹配的文本，则返回一个结果数组，否则返回 null。在 exec()返回的结果数组中，除了包含数组元素和 length 属性，还包含两个属性：一个是 index 属性，用于声明匹配文本的第一个字符的位置；另一个是 input 属性，用于存放被检索的字符串。可以看出，在调用非全局的 RegExp 对象的 exec()方法时，返回的数组与调用方法 String.match()返回的数组是相同的。

但是，当 RegExpObject 是一个全局正则表达式时，exec()的行为就稍微复杂一些。它会在 RegExpObject 的 lastIndex 属性指定的字符处开始检索字符串。当 exec()找到与表达式相匹配的文本时，它将把 RegExpObject 的 lastIndex 属性设置为匹配文本的最后一个字符的下一个位置。也就是说，可以通过反复调用 exec()方法来遍历字符串中的所有匹配文本。当 exec()再也找不到匹配的文本时，它将返回 null，并把 lastIndex 属性的值重置为 0。

如果在一个字符串中完成了一次模式匹配之后，要开始检索新的字符串，则必须手动把 lastIndex 属性的值重置为 0。

无论 RegExpObject 是否为全局正则表达式，exec()都会把完整的细节添加到它返回的数组中。这就是 exec()与 String.match()的不同之处，后者在全局模式下返回的信息要少得多。因此，可以这样说：在循环中反复调用 exec()方法是唯一一种获得全局模式的完整模式匹配信息的方法。

示例编程

📖【示例 5-22】demo0522.html

在字符串"javascript"中全局检索字符串中的字符的代码如下。

```javascript
<script type="text/javascript">
    var str = "javascript";
    var patt = new RegExp("a","g");
    var result;
    while ((result = patt.exec(str)) != null)   {
        document.write(result+" | ");
        document.write(patt.lastIndex+" | ");
    }
</script>
```

输出结果如下。

a | 2 | a | 4 |

5.10 支持正则表达式的 String 对象的方法

在 JavaScript 中，正则表达式常用于 search()、match()、replace()、split()等多种方法。

1. search()方法

search()方法用于检索字符串中指定的子字符串，或检索与正则表达式相匹配的子字符串。

其语法格式如下。

strObject.search(regexp)

其中，参数 regexp 可以是需要在 strObject 中检索的子字符串（子字符串参数将被转换为正则表达式），也可以是需要检索的 RegExp 对象。如果要执行忽略字母大小写的检索，则需要添加修饰符 i。

search()方法的返回值是 strObject 中第 1 个与 regexp 相匹配的子字符串的起始位置。如果没有找到任何匹配的子字符串，则返回−1。

search()方法不执行全局匹配，它将同时忽略修饰符 g 和 regexp 的 lastIndex 属性，并且总是从字符串的起始位置进行检索，这意味着它总是返回 strObject 的第一个匹配项的起始位置。

📖【示例 5-23】demo0523.html

从字符串"javascript"中分别检索"a""R"的代码如下。

```
<script type="text/javascript">
    var str="javascript";
    document.write(str.search(/a/));
    document.write(" | ");
    document.write(str.search(/R/));    //区分字母大小写
    document.write(" | ");
    document.write(str.search(/R/i))    //不区分字母大小写
</script>
```

输出结果如下。

1|-1|6

2. match()方法

match()方法可以在字符串内检索指定的值，或找到一个或多个正则表达式的匹配项。该方法的作用类似于 indexOf()和 lastIndexOf()的作用，但是它返回的是指定的值，而不是字符串的位置。

其语法格式有以下两种。

strObject.match(searchvalue)

其中，参数 searchvalue 用于指定要检索的字符串值。

strObject.match(regexp)

其中，参数 regexp 用于规定要匹配模式的 RegExp 对象。如果该参数不是 RegExp 对象，则需要先把它传递给 RegExp()构造方法，将其转换为 RegExp 对象。

match()方法的返回值为存放匹配结果的数组，该数组的内容依赖于 regexp 是否具有全局修饰符 g。

match()方法将检索字符串 strObject，目的是找到一个或多个与 regexp 匹配的文本。这种方法的行为在很大程度上依赖于 regexp 是否具有修饰符 g。

如果 regexp 没有修饰符 g，那么 match()方法只能在 strObject 中执行一次匹配。如果没有找到任何匹配的文本，则 match()将返回 null，否则将返回一个数组，其中存放着与它找到的匹配文本有关的信息。该数组的第 0 个元素是匹配文本，而其余元素是与正则表达式的子表达式匹配的文本。除了这些常规的数组元素之外，返回的数组还含有两个对象属性：一个是 index 属性，用于声明匹配文本的起始字符在 strObject 中的位置；另一个是 input 属性，用于声明对 strObject 的引用。

如果 regexp 具有修饰符 g，则 match()方法将执行全局检索，找到 strObject 中所有匹配的子字符串。若没有找到任何匹配的子字符串，则返回 null。如果找到了一个或多个匹配的子字符串，则返回一个数组。全局匹配返回的数组内容与执行一次匹配返回的数组的内容大不相同，它的数组元素是

109

strObject 中的所有匹配子字符串，且没有 index 属性或 input 属性。

在全局检索模式下，match() 不提供与子表达式匹配的文本的信息，也不声明每个匹配子字符串的位置。如果需要这些全局检索的信息，则可以使用 RegExpObject.exec() 方法来获取。

小贴士

【示例 5-24】demo0524.html
以下代码中，使用全局匹配的正则表达式来检索字符串中的所有数字。

```
<script type="text/javascript">
    var str="39 plus 2 equal 41"
    document.write(str.match(/\d+/g))
</script>
```

输出结果如下。

39,2,41

3. replace()方法

replace()方法用于在字符串中使用一些字符替换另一些字符，或替换一个与正则表达式匹配的子字符串。

其语法格式如下。

strObject.replace(regexp/substr , replacement)

其中，参数 regexp/substr 用于指定要替换模式的 RegExp 对象或子字符串，如果该参数是一个字符串，则将它作为要检索的直接量文本模式，而不是先将它转换为 RegExp 对象，如果要执行忽略字母大小写的替换，则需要添加修饰符 i；参数 replacement 为一个字符串，用于指定替换文本或生成替换文本的函数。

replace()方法的返回值为一个新的字符串，是用 replacement 替换了 regexp 的第一个匹配项或所有匹配项之后得到的。

字符串 strObject 的 replace()方法用于执行查找并替换操作。它将在 strObject 中查找与 regexp 相匹配的子字符串，并用 replacement 来替换这些子字符串。如果 regexp 具有全局修饰符 g，那么 replace()方法将替换所有匹配的子字符串。否则，它只替换第一个匹配的子字符串。

参数 replacement 可以是字符串，也可以是函数。如果它是字符串，那么每个匹配项都将由字符串替换。参数 replacement 中的$字符具有特定的含义（见表 5-13），从模式匹配得到的字符串将用于替换。

表 5-13 参数 replacement 中的$字符的含义

字符	替换文本
$1 到$99	与 regexp 中的第 1~99 个子表达式相匹配的文本
$&	与 regexp 相匹配的子字符串
$`	位于匹配子字符串左侧的文本
$'	位于匹配子字符串右侧的文本
$$	直接量符号

ES3 规定，replace() 方法的参数 replacement 是函数而不是字符串。在这种情况下，每个匹配操作都调用该函数，它返回的字符串将作为替换文本使用。该函数的第一个参数是匹配模式的字符串。接下来的参数是与模式中的子表达式匹配的字符串，可以有 0 个或多个这样的参数。其后的参数是一个整数，用于声明匹配子字符串在 strObject 中出现的位置。最后一个参数是 strObject 本身。

📖【示例 5-25】demo0525.html
以下代码用于确保匹配字符串中大写字符的正确性。

```
<script type="text/javascript">
    text = "javascript";
    document.write(text.replace(/javascript/i, "JavaScript"));
</script>
```

输出结果如下。

JavaScript

📖【示例 5-26】demo0526.html
以下代码用于将所有的双引号替换为单引号。

```
<script type="text/javascript">
    name = '"a", "b"';
    document.write(name.replace(/"([^"]*)"/g, "'$1'"));
</script>
```

输出结果如下。

'a', 'b'

📖【示例 5-27】demo0527.html
以下代码用于将字符串中所有单词的首字母转换为大写形式。

```
<script type="text/javascript">
    str = 'aaa bbb ccc';
    uw=str.replace(/\b\w+\b/g , function(word){
            return word.substring(0,1).toUpperCase()+word.substring(1);}
    );
document.write(uw)
</script>
```

输出结果如下。

Aaa Bbb Ccc

4. split()方法

split()方法用于把一个字符串分割成字符串数组。

其语法格式如下。

strObject.split(separator,howmany)

其中，参数 separator 是必需参数，该参数为字符串或正则表达式，用于从该参数指定的位置分割

strObject；参数 howmany 是可选参数，该参数可以指定返回数组的最大长度，如果设置了该参数，则返回的数组的长度不会大于这个参数指定的长度，如果没有设置该参数，则整个字符串都会被分割，不考虑返回数组的长度。

其返回值为一个字符串数组，该数组是通过在 separator 指定的位置处将字符串 strObject 分割成子字符串创建的。返回的数组中的字符串不包括 separator 自身。如果 separator 是包括子表达式的正则表达式，那么返回的数组中包括与这些子表达式匹配的字符串，但不包括与整个正则表达式匹配的文本。

如果把空字符串("")用作 separator，那么 strObject 中的每个字符都会被分割。String.split()执行的操作与 Array.join()执行的操作相反。

📖【示例 5-28】demo0528.html

以下代码用于按照不同的方式来分割字符串。

```
<script type="text/javascript">
 var str="How are you?"
 document.write(str.split(" ") + "<br>")      //把句子分割为单词
 document.write(str.split("") + "<br>")       //把句子分割为字符
 document.write(str.split(" ",2))             //返回一部字符，这里只返回前两个单词
</script>
```

输出结果如下。

How,are,you?
H,o,w, ,a,r,e, ,y,o,u,?
How,are

把句子分割为单词的代码如下。

sentence="Where there is a will, there is a way"
var words = sentence.split(' ')

也可以使用正则表达式作为分隔符，代码如下。

var words = sentence.split(/\s+/)

📖【示例 5-29】demo0529.html

以下代码用于分割结构更为复杂的字符串。

```
document.write("2:3:4:5".split(":"))          //将返回 2,3,4,5
document.write("|a|b|c".split("|"))           //将返回,a,b,c
```

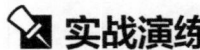

实战演练

【任务 5-1】在特定日期范围内显示打折促销信息

【任务描述】

创建网页 0501.html，编写 JavaScript 程序，实现以下要求。

（1）创建 1 个 Date 对象，且以常规格式在网页中显示当前日期与时间。

（2）在特定日期范围内实施打折促销，并在网页中输出相应的提示信息。

【任务实施】

创建网页 0501.html，编写 JavaScript 程序，实现在特定日期范围内显示打折促销信息的 JavaScript 代码如表 5-14 所示。JavaScript 代码使用 new Date()创建自定义的日期，使用 if 语句与 if…else…语句的嵌套结构分别控制月和日期，只在特定日期范围内在网页中输出打折促销的提示信息。

表 5-14 实现在特定日期范围内显示打折促销信息的 JavaScript 代码

序号	程序代码
01	`<script>`
02	`    var dq_now = new Date();`
03	`    var dq_year = dq_now.getFullYear();`
04	`    var dq_month = dq_now.getMonth()+1;`
05	`    var dq_day = dq_now.getDate();`
06	`    var dq_houre =dq_now.getHours();`
07	`    var dq_min=dq_now.getMinutes();`
08	`    var dq_sec=dq_now.getSeconds();`
09	`    var timeout=new Date(dq_year+"/"+dq_month+"/"+dq_day+" "`
10	`                    +dq_houre+":"+dq_min+":"+dq_sec);`
11	`    document.write ("当前的日期为"+timeout.toLocaleString());`
12	`    if(dq_month==5){`
13	`        if(dq_day>=1 && dq_day<=5 || dq_day>=26 && dq_day<=30){`
14	`            document.write (" "+"正在打折促销，请关注！");`
15	`        }`
16	`        else`
17	`        {`
18	`            document.write (" "+"打折促销暂未开始，请留意！");`
19	`        }`
20	`    }`
21	`    else{`
22	`        document.write (" "+"请关注促销活动");`
23	`    }`
24	`</script>`

表 5-14 中的代码解释如下。

（1）03 行使用的 getFullYear()方法通常返回完整的 4 位数的年份，如 2001、2023 等。当年份为 1900～1999 时，getFullYear()返回 2 位数，如针对 1999 返回 99、1980 返回 80 等；当年份不是 1900～1999 时，返回完整的 4 位数的年份。

（2）只有 12 行的表达式"dq_month==5"的值为 true 时，内层的 if…else…语句才会执行。

【任务 5-2】实现在线考试倒计时

【任务描述】

通过网络在线考试时，在网页中的合适位置显示一个如图 5-1 所示的倒计时牌，让考生及时知悉考试剩余的时间。创建网页 0502.html，编写 JavaScript 程序，实现这个功能。

离考试结束时间还剩：**02小时29分54秒**

图 5-1　在线考试倒计时牌

【任务实施】

创建网页 0502.html，编写 JavaScript 程序，实现在线考试倒计时的 JavaScript 代码如表 5-15 所示。

表 5-15　实现在线考试倒计时的 JavaScript 代码

序号	程序代码
01	`<script language="javascript">`
02	`var limit_seconds = 9000;`
03	`function deal_limit_time(){`
04	`if(limit_seconds > 0)`
05	`{`
06	`var hours = Math.floor(limit_seconds/3600);`
07	`var minutes = Math.floor(limit_seconds/60)%60;`
08	`var seconds = Math.floor(limit_seconds%60);`
09	`if(hours<10){hours = "0" + hours;}`
10	`else`
11	`if(hours>99){hours = "99";}`
12	`else{hours = hours + "";}`
13	`if(minutes<10){minutes = "0" + minutes;}`
14	`else{minutes = minutes + "";}`
15	`if(seconds<10){seconds = "0" + seconds;}`
16	`else{seconds = seconds + ""}`
17	`var msgTime = "离考试结束时间还剩：<span class=\"key\">"`
18	`+hours.substr(0,2)+"</span>小时<span class=\"key\">"`
19	`+minutes.substr(0,2)+"</span>分<span class=\"key\">"`
20	`+seconds.substr(0,2)+"</span>秒";`
21	`document.getElementById("limit_time").innerHTML = msgTime;`
22	`--limit_seconds;`
23	`}`
24	`}`
25	`timer = setInterval("deal_limit_time()",1000);`
26	`</script>`

表 5-15 中的代码解释如下。

（1）06 行使用除法运算符 "/" 和 Math 对象的 floor() 方法获取小时数。

（2）07 行使用求余运算符 "%" 和 Math 对象的 floor() 方法获取分钟数。

（3）08 行使用求余运算符 "%" 和 Math 对象的 floor() 方法获取秒数。

（4）对于小于 10 的小时数、分钟数、秒数，09~16 行代码实现在其前面加 "0" 表示。

（5）17~20 行代码用于设置小时数、分钟数、秒数及相关字符的字符串。

（6）21 行用于在网页指定位置显示时间。

（7）22 行使用递减运算符 "--" 重新给变量 limit_seconds 赋值。

（8）25 行使用 setInterval() 方法每隔 1 秒（1000 毫秒）调用一次函数 deal_limit_time()，显示一次当前的剩余时间。

【任务 5-3】显示常规格式的当前日期和时间

【任务描述】

创建网页 0503.html，编写 JavaScript 程序，在网页中显示如图 5-2 所示格式的当前日期和时间。

当前日期和时间：2022/10/30 上午11:00:36

图 5-2　当前日期和时间

【任务实施】

创建网页 0503.html，编写 JavaScript 程序，对应的 JavaScript 代码如表 5-16 所示。

表 5-16　显示常规格式的当前日期和时间的 JavaScript 代码

序号	程序代码
01	`<script type="text/javascript">`
02	`function tick(){`
03	`  var date=new Date()`
04	`  window.setTimeout("tick()", 1000);`
05	`  nowclock.innerHTML="当前日期和时间: "+date.toLocaleString();`
06	`  }`
07	`window.onload=function(){`
08	`    tick();`
09	`  }`
10	`</script>`

网页对应的 HTML 代码如下。

```
<div id="nowclock">
  <span class="red">当前日期和时间: </span>2022 年 10 月 30 日 上午 11 时 00 分 36 秒
</div>
```

也可以使用以下代码实现类似功能。

```
<div id="showtime">
  <script>
      setInterval("showtime.innerHTML='当前日期和时间: '
                    + new Date().toLocaleString()", 1000);
  </script>
</div>
```

表 5-16 中的代码解释如下。

（1）02～06 行为自定义函数 tick() 的代码。

（2）03 行使用 Date() 创建了一个 Date 对象实例。

（3）04 行调用计时方法，每秒调用一次 tick() 函数。

（4）05 行使用网页元素的 innerHTML 属性设置网页内容。

【任务 5-4】采用多种方式显示当前的日期及星期数

【任务描述】

创建网页 0504.html，编写 JavaScript 程序，在网页中以自定义格式显示当前日期及星期数，日期格式如下：年 - 月 - 日 - 星期。

【任务实施】

创建网页 0504.html，编写 JavaScript 程序，以自定义格式显示当前日期及星期数的 JavaScript 程序之一如表 5-17 所示。

表 5-17　以自定义格式显示当前日期及星期数的 JavaScript 程序之一

序号	程序代码
01	`<script>`
02	`<!--`
03	`var year, month , day, tempdate ;`
04	`tempdate = new Date();`
05	`year = tempdate.getFullYear();`
06	`month = tempdate.getMonth() + 1 ;`
07	`day = tempdate.getDate();`
08	`document.write(year+"年"+month+"月"+day+"日"+"    ");`
09	`var weekarray = ["星期日","星期一","星期二","星期三","星期四","星期五","星期六"];`
10	`weekday = tempdate.getDay();`
11	`document.write(weekarray[weekday]) ;`
12	`// -->`
13	`</script>`

表 5-17 中的代码解释如下。

（1）03 行为声明变量的语句：声明 4 个变量，变量名分别为 year、month、day 和 tempdate。

（2）04 行创建一个 Date 对象实例，代表当前日期和时间，且将 Date 对象实例赋给变量 tempdate。

（3）05 行使用 Date 对象的 getFullYear()方法获取 Date 对象的当前年份数，且赋给变量 year。

（4）06 行使用 Date 对象的 getMonth()方法获取 Date 对象的当前月份数，且赋给变量 month。注意，由于该方法的返回值是从 0 开始的索引，即 1 月对应的返回值为 0，2 月对应的返回值为 1，其他月对应的返回值以此类推，为了正确表述月份，需要做加 1 处理，让 1 月显示为"1 月"而不是"0 月"。

（5）07 行使用 Date 对象的 getDate()方法获取 Date 对象的当前日期数（即 1~31），且赋给变量 day。

（6）08 行使用 document 对象的 write()方法向网页中输出当前日期，表达式"year+"年"+month+"月"+day+"日"+"   ""使用运算符"+"连接，其中 year、month、day 是变量，"年""月""日"和"   "是字符串。

（7）09 行创建一个 Array 对象 weekarray，并分别给 array 对象 weekarray 的各个元素赋值，数组元素的索引从 0 开始，各个数组元素的索引为 0~6。

（8）10 行使用 Date 对象的 getDay()方法获取 Date 对象的当前星期数，其返回值为 0~6，序号 0 对应星期日，序号 1 对应星期一，……，序号 6 对应星期六。

（9）11 行使用"[ ]"访问数组元素，即获取当前星期数的中文表示。

以自定义格式显示当前日期及星期数的 JavaScript 程序之二如表 5-18 所示。

表 5-18　以自定义格式显示当前日期及星期数的 JavaScript 程序之二

序号	程序代码
01	`<span id = "showtime" >`
02	`<script>`
03	`var year = "";`
04	`mydate = new Date();`
05	`mymonth = mydate.getMonth()+1;`
06	`myday = mydate.getDate();`
07	`myyear = mydate.getFullYear();`
08	`showtime.innerHTML = myyear+"年"+mymonth+"月"+myday+"日　星期"`
09	`+"日一二三四五六".charAt(new Date().getDay());`
10	`</script>`
11	`</span>`

以自定义格式显示当前日期及星期数的 JavaScript 程序之三如表 5-19 所示。

表 5-19　以自定义格式显示当前日期及星期数的 JavaScript 程序之三

行号	JavaScript 代码
01	`<script language = "JavaScript1.2" type = "text/javascript">`
02	`<!--`
03	`var  today , year , day  ;`
04	`today = new Date () ;`
05	`year = today.getFullYear() ;`
06	`day = today.getDate() ;`
07	`var isMonth = new Array("1 月","2 月","3 月","4 月","5 月","6 月",`
08	`"7 月","8 月","9 月","10 月","11 月","12 月") ;`
09	`var isDay = ["星期日","星期一","星期二","星期三","星期四","星期五","星期六"]`
10	`document.write(year+"年"+isMonth[today.getMonth()]+day+"日　"`
11	`+isDay[today.getDay()]) ;`
12	`//-->`
13	`</script>`

表 5-19 中的代码解释如下。

（1）07～09 行使用两种不同的方式定义数组。

（2）10 行中通过访问数组元素的方式 isMonth[today.getMonth()]获取当前的月份。

（3）11 行中通过访问数组元素的方式 isDay[today.getDay()]获取当前的星期数。

【任务 5-5】显示限定格式的日期

【任务描述】

创建网页 0505.html，编写 JavaScript 程序，实现在网页中显示限定格式的日期，即年使用 4 位整数表示，月、日都使用 2 位整数表示，对于小于 10 的月和日，前面加"0"表示，如图 5-3 所示。

2022年10月30日 星期日

图 5-3　限定格式的日期

【任务实施】

创建网页 0505.html，编写 JavaScript 程序，显示限定格式的日期的 JavaScript 代码如表 5-20 所示。

表 5-20　显示限定格式的日期的 JavaScript 代码

序号	程序代码
01	\<script type = "text/javascript">
02	Date.prototype.Format = function(formatStr)
03	{
04	var Week = ['日','一','二','三','四','五','六'];
05	return formatStr.replace(/yyyy|YYYY/,
06	this.getFullYear()).replace(/yy|YY/,
07	(this.getFullYear() % 100)>9?(this.getFullYear() % 100).toString():'0' +
08	(this.getFullYear() % 100)).replace(/MM/ ,
09	(this.getMonth()+1)>9?(this.getMonth()+1).toString():'0' +
10	(this.getMonth()+1)).replace(/M/g,(this.getMonth()+1)).replace(/w|W/g,
11	Week[this.getDay()]).replace(/dd|DD/ ,
12	this.getDate()>9?this.getDate().toString():'0' +
13	this.getDate()).replace(/d|D/g,this.getDate());
14	};
15	document.write(new Date().Format("yyyy 年 MM 月 dd 日")+"　");
16	document.write(new Date().Format("星期 W"));
17	\</script>

表 5-20 中的代码解释如下。

（1）02 行表示使用 Date.prototype.Format 属性定义时、分、秒的标准格式，年使用 4 位整数表示，月、日都使用 2 位整数表示。

（2）03~14 行定义了时、分、秒的标准格式，多次使用 String 的 replace()方法替换与正则表达式匹配的子字符串。

（3）15 行调用 Format()方法返回具有标准格式的日期。

【任务 5-6】验证日期数据的有效性

【任务描述】

创建网页 0506.html，编写 JavaScript 程序，在网页中显示如图 5-4 所示的用于输入城市名称和日期的文本框，日期文本框的初始状态会显示当前的日期，当用户在日期文本框中输入日期数据，且单击【提交】按钮时，程序会验证日期数据的有效性，主要包括以下 3 个方面的验证。

（1）日期文本框不能为空，否则会弹出有提示信息的警告框。

（2）在日期文本框中输入的日期数据必须符合指定的日期格式，否则会弹出有提示信息的警告框。

（3）由于每年的 1、3、5、7、8、10、12 月有 31 天，4、6、9、10 月只有 30 天，闰年的 2 月有 29 天，非闰年的 2 月只有 28 天，所以在日期文本框中输入的日期数据不能违背以上规则，否则会弹出有提示信息的警告框。

图 5-4　用于输入城市名称和日期的文本框

【任务实施】

创建网页 0506.html，编写 JavaScript 程序。实现验证日期数据的有效性的 JavaScript 代码如表 5-21 所示。其中，正则表达式"/(^\s*)|(\s*$)/g"表示全局查找非空白字符和空白字符；正则表达式"/^(\d{4})\-(\d{1,2})\-(\d{1,2})$/"表示查找年为 4 位数字，月为 1~2 位数字，日为 1~2 位数字的日期数据；"str.split("-")"表示使用"-"从日期数据中分割出年、月、日。

表 5-21　实现验证日期数据的有效性的 JavaScript 代码

序号	程序代码
01	`<script language = "javascript" type = "text/javascript">`
02	`var date = new Date()`
03	`document.getElementById('txt_Date').value=date.getFullYear()+"-"`
04	`+Math.abs(date.getMonth()+1)+"-"+date.getDate();`
05	`function checkSubmit()`
06	`{`
07	`if(document.getElementById('txt_Date').value.replace(/(^\s*)|(\s*$)/g,"")=="")`
08	`{`
09	`alert('请输入入住日期！');`
10	`document.getElementById('txt_Date').focus();`
11	`return false;`
12	`}`
13	
14	`if(document.getElementById('txt_Date').value`
15	`.match(/^(\d{4})\-(\d{1,2})\-(\d{1,2})$/)==null)`
16	`{`
17	`alert('请输入正确的入住日期！（yyyy-mm-dd）');`
18	`document.getElementById('txt_Date').focus();`
19	`return false;`
20	`}`
21	
22	`if(!verifyDate(document.getElementById('txt_Date').value))`
23	`{`
24	`alert('请输入正确的入住日期！（yyyy-mm-dd）');`
25	`document.getElementById('txt_Date').focus();`
26	`return false;`
27	`}`
28	`document.getElementById('form1').submit();`
29	`}`
30	
31	`function verifyDate(str)`
32	`{`
33	`var y = parseInt(str.split("-")[0]);　　//获取年`
34	`var m = parseInt(str.split("-")[1]);　　//获取月`
35	`var d = parseInt(str.split("-")[2]);　　//获取日`
36	`switch(m)`
37	`{`
38	`case 1:`
39	`case 3:`
40	`case 5:`
41	`case 7:`

序号	程序代码
42	case 8:
43	case 10:
44	case 12:
45	if(d>31){
46	return false;
47	}else{
48	return true;
49	}
50	break;
51	case 2:
52	if((y%4==0 && d>29) || (y%4!=0 && d>28)){
53	return false;
54	}else{
55	return true;
56	}
57	break;
58	case 4:
59	case 6:
60	case 9:
61	case 11:
62	if(d>30){
63	return false;
64	}else{
65	return true;
66	}
67	break;
68	default:
69	return false;
70	}
71	}
72	</script>

网页 0506.html 中对应的 HTML 代码如表 5-22 所示。

表 5-22　网页 0506.html 中对应的 HTML 代码

序号	程序代码
01	\<form runat = "server" id = "form1" method = "post" target = "_blank" action = " " >
02	\<div style = "margin:10px;">
03	城市 \<input type = "text" id = "txt_CityName" name = "txt_CityName"
04	class = "base_textbox" style = "width:75px;" value = "上海" />
05	日期 \<input type = "text" id = "txt_Date" name = "txt_Date"
06	class = "base_textbox"　style = "width:60px;" />
07	\</div>
08	\<div>
09	\<input　type = "button" value = "提交" onclick="checkSubmit()"
10	style = "margin:0px 0px 0px 80px;width:60px;" />
11	\</div>
12	\</form>

请读者扫描二维码，进入本模块在线习题，完成练习并巩固学习成果。

模块 6
JavaScript 对象模型及应用

06

　　JavaScript 是一种基于对象的语言，使用对象模型可以描述 JavaScript 对象之间的层次关系。对象模型用来描述对象的逻辑层次结构及其操作方法，JavaScript 主要使用两种对象模型：DOM 和 BOM（Browser Object Model，浏览器对象模型）。DOM 用于访问浏览器窗口的内容，如文档、图片等各种 HTML 元素，通过 DOM，开发者可以动态地访问和修改这些元素的内容结构和样式；BOM 用于访问浏览器的各个功能部件，如浏览器窗口本身、表单控件等。

知识启航

6.1　JavaScript 的 document 对象及操作

　　DOM 是用以访问 HTML 元素的标准编程接口，DOM 定义了访问和操作 HTML 文档的标准方法，通过 DOM，开发者可以访问 HTML 文档的所有元素。DOM 独立于平台和语言，可被任何编程语言使用，如 Java、JavaScript 和 VBScript 等。

1. DOM 节点

　　当网页被加载时，浏览器会创建页面的 DOM。document 对象中的每个元素都是一个节点，常见的节点类型如下。
　　① 整个文档是一个文档节点。
　　② 每一个 HTML 标签是一个元素节点。
　　③ 包含在 HTML 元素中的文本是文本节点。
　　④ 每一个 HTML 属性是一个属性节点。
　　⑤ 注释属于注释节点。
　　HTML 文档中的所有节点构成了一棵"节点树"，HTML 文档中的每个元素、属性和文本都代表树中的一个节点。该树起始于文档节点，并由此生出多个分支，直到文本节点为止。

示例编程

📖【示例 6-1】demo0601.html
　　代码如下：

```
<!doctype html>
<html>
  <head>
    <title>文档标题</title>
  </head>
```

```
        <body>
          <h1>我的标题</h1>
          <a href="#">我的链接</a>
        </body>
      </html>
```

网页 demo0601.html 的浏览效果如图 6-1 所示。

示例 6-1 中的 HTML 代码可以表示成一棵倒立的节点树，如图 6-2 所示。

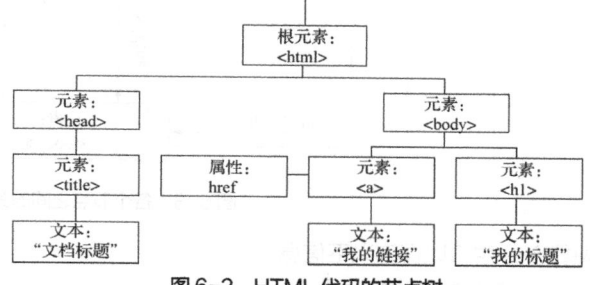

图 6-1 网页 demo0601.html 的浏览效果   图 6-2 HTML 代码的节点树

有了 DOM，JavaScript 程序能够访问节点树中的所有节点，能够创建新节点，还能够修改和删除所有节点。

2. 节点关系

HTML 文档的节点树中各个节点彼此之间存在等级关系。

① 对于父节点、子节点和同胞（兄弟或姐妹）节点，可以用 parent、child 以及 sibling 等术语描述它们的等级关系。

② 在节点树中，顶端节点被称为根（根节点）。

③ 除了根节点，每个节点都有父节点。

④ 节点能够拥有一定数量的子节点。

⑤ 同胞节点指的是拥有相同父节点的节点。

图 6-2 所示的 HTML 代码的节点树中各个节点之间的关系分析如下。

节点之间具有父子关系，如<head>和<body>的父节点是<html>，文本节点"我的标题"的父节点是<h1>，<head>节点的子节点为<title>，<title>节点的子节点为文本节点"文档标题"。当节点的父节点为同一个节点时，它们就是同胞节点。例如，<a>和<h1>为同胞节点，其父节点是<body>。

节点可以拥有"后代"，后代是指某个节点的所有子节点，以及这些子节点的子节点，以此类推。节点也可以拥有"先辈"，先辈是某个节点的父节点，以及父节点的父节点，以此类推。

例如：

```
<html>
  <head>
    <title>DOM 教程</title>
  </head>
  <body>
    <h1>DOM 节点</h1>
    <p>HTML 文档的节点树中各个节点彼此之间存在等级关系</p>
  </body>
</html>
```

以上代码中各个节点之间的关系如图 6-3 所示。

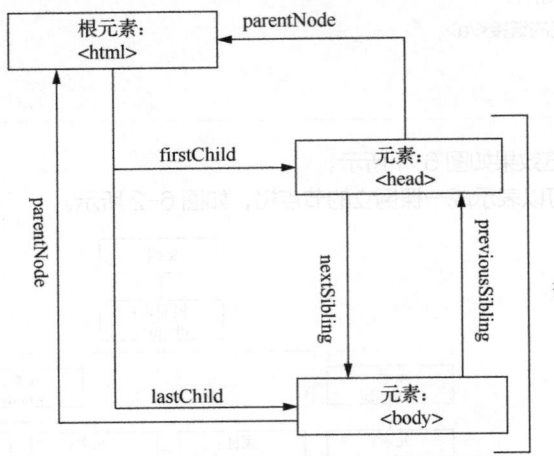

图 6-3　各个节点之间的关系

从图 6-3 中可以得到以下信息。
① <html>是根节点。
② <html>没有父节点。
③ <html>是<head>和<body>的父节点。
④ <head>是<html>的第一个子节点。
⑤ <body>是<html>的最后一个子节点。
同时，通过代码可以得知以下信息。
① <head>有一个子节点：<title>。
② <title>有一个子节点（文本节点）："DOM 教程"。
③ <body>有两个子节点：<h1> 和 <p>。
④ <h1>有一个子节点："DOM 节点"。
⑤ <p>有一个子节点："HTML 文档的节点树中各个节点彼此之间存在等级关系"。
⑥ <h1>和<p>是同胞节点。
在 JavaScript 中，开发者可以使用以下节点属性在节点之间导航。
① parentNode。
② childNodes[nodenumber]。
③ firstChild。
④ lastChild。
⑤ nextSibling。
⑥ previousSibling。
访问父节点时使用 parentNode 属性或者 parentElement() 方法，访问第 1 个子节点时使用 firstChild 属性或者 childNodes[0]，访问最后一个子节点时使用 lastChild 属性或者 childNodes[childNodes.length-1]，访问下一个同胞节点时使用 nextSibling 属性，访问上一个同胞节点时使用 previousSibling 属性。

小贴士

> DOM 顶端节点是 document 内置对象，document. parentNode 属性返回 null，最后一个节点的 nextSibling 属性返回 null，第一个节点的 previousSibling 属性返回 null。

有两种方式可用于访问根节点: document.documentElement 和 document.body。例如, document.documentElement.firstChild.nodeName 返回 "head", document.body.parentNode. nodeName 返回 "html", document.body.parentNode.lastChild.nodeName 返回 "body"。

通过可编程的对象模型,JavaScript 能够创建动态的 HTML 页面,能够完成以下关于 HTML 页面的操作。

① JavaScript 能够改变页面中的所有 HTML 元素。

② JavaScript 能够改变页面中的所有 HTML 属性。

③ JavaScript 能够改变页面中的所有 CSS 样式。

④ JavaScript 能删除已有的 HTML 元素和属性。

⑤ JavaScript 能添加新的 HTML 元素和属性。

⑥ JavaScript 能对页面中所有已有的 HTML 事件做出反应。

⑦ JavaScript 能在页面中创建新的 HTML 事件。

3. 查找 HTML 元素

通常,JavaScript 在操作 HTML 元素前,必须先找到 HTML 元素。查找 HTML 元素的常用方法如下。

(1)通过 id 属性查找 HTML 元素

在 DOM 中查找 HTML 元素最简单的方法是使用 getElementById(),通过 HTML 元素的 id 属性来查找元素。

其语法格式如下。

```
document.getElementById(id)
```

根据 HTML 元素指定的 id 属性,查找唯一的 HTML 元素。如果页面中包含多个相同 id 属性的元素,那么只返回第一个元素。

例如,查找 id="demo"的元素的代码如下。

```
var x=document.getElementById("demo");
```

如果找到该元素,则该方法将以对象(在 x 中)的形式返回该元素。如果没有找到该元素,则 x 将包含 null。

getElementById()方法可以查找整个 HTML 文档中的任何 HTML 元素,该方法会忽略文档的结构而返回正确的元素。

(2)通过标签名查找 HTML 元素

其语法格式如下。

```
document.getElementsByTagName("标签名")
document.getElementById(id).getElementsByTagName("标签名")
```

它会根据为 HTML 元素指定的标签名,获取标签名相同的一组元素。

例如,查找 id="main"的元素,然后查找该元素中的所有<p>元素。

```
var x=document.getElementById("main").getElementsByTagName("p");
```

由于该方法返回带有指定标签名的对象集合,即标签对象数组,因此在对列表中的具体对象进行访问时需使用循环来进行逐个访问。访问其中某个标签对象时,要根据标签对象在 HTML 文档中的相对次序确定其索引,第 1 个标签对象的索引为 0。

表达式 x.length 的值为集合中对象的数量,表达式 x[0].innerHTML 的值为第 1 个标签对象的文本内容。

(3)通过名称查找 HTML 元素

其语法格式如下。

```
document.getElementsByName("控件名")
```

该方法通过 name 属性获取控件列表。

例如，查找名称为 check 的复选框的代码如下。

```
var x=document.getElementsByName("check") ;
```

表达式 x.length 的值为名称为 check 的复选框的数量，表达式 x[0].value 的值为第 1 个复选框的文本内容。

4. 改变 HTML 元素的内容

DOM 允许 JavaScript 改变 HTML 元素的内容，修改 HTML 元素的内容最简单的方法是使用 innerHTML 属性。innerHTML 属性可以用于获取或替换 HTML 元素的内容，也可以用于获取或改变任何 HTML 元素，包括<html>和<body>。

其语法格式如下。

```
document.getElementById(id).innerHTML="新属性值"
```

例如：

```
document.getElementById("demo").innerHTML="New text" ;
```

也可以写成以下形式。

```
var element=document.getElementById("demo") ;
element.innerHTML="New text" ;
```

上述代码使用 DOM 来获得 id="demo"的元素，然后将此元素的内容修改为"New text"。

使用以下形式也能获取 HTML 元素的内容。

```
document.getElementById(id).getAttribute("innerHTML")
```

5. 改变 HTML 元素的属性

其语法格式如下。

```
document.getElementById(id).属性名="新属性值"
document.getElementById(id).setAttribute(属性名 ,"新属性值")
```

例如，更改<img>元素的 src 属性的代码如下。

```
<img id="image" src="title01.gif" alt=""/>
document.getElementById("image").src="title02.gif";
```

上述代码使用 DOM 来获得 id="image"的元素，然后更改此元素 src 属性的值，即把"title01.gif"改为"title02.gif"。

6. 改变 HTML 元素的样式

其语法格式如下。

```
document.getElementById(id).style.样式名称="新样式值"
```

例如：

```
document.getElementById("demo").style.color="blue" ;
document.getElementById('demo').style.visibility="hidden" ;
```

7. 创建新的 HTML 元素

如果需要向 DOM 添加新元素，则必须先创建该元素（元素节点），再向一个已存在的元素追加该元素。

创建 HTML 标签对象的语法格式如下。

```
document.createElement("标签名");
```

创建文本节点的语法格式如下。

```
document.createTextNode("文本内容");
```

创建新属性节点的语法格式如下。

```
document.createAttribute("属性名");
```

在已有 HTML 元素中添加新元素的语法格式如下。

element.appendChild(元素名)；

【示例 6-2】 demo0602.html

代码如下：

```
<div id="div1">
    <p id="p1">这是一个段落</p>
    <p id="p2">这是另一个段落</p>
</div>
<script>
var para=document.createElement("p");   //创建新的<p>元素
var node=document.createTextNode("这是新段落。");     //创建了一个文本节点
para.appendChild(node);          //向<p>元素追加这个文本节点
var element=document.getElementById("div1");          //找到一个已有的元素
element.appendChild(para);        //向这个已有的元素追加新元素
</script>
```

网页 demo0602.html 的浏览结果如图 6-4 所示。

这是一个段落

这是另一个段落

这是新段落。

图 6-4　网页 demo0602.html 的浏览结果

添加新属性节点到属性节点的集合中的方法为 setAttributeNode()，将新节点插入同胞节点之前的方法为 insertBefore()。

8. 删除已有的 HTML 元素

如需删除 HTML 元素，则必须先获得该元素的父元素。

【示例 6-3】 demo0603.html

代码如下：

```
<div id="div1">
    <p id="p1">这是一个段落。</p>
    <p id="p2">这是另一个段落。</p>
</div>
<script>
var parent=document.getElementById("div1"); //查找 id="div1"的元素
var child=document.getElementById("p1");   //查找 id="p1"的<p>元素
parent.removeChild(child);   //从父元素中删除子元素
</script>
```

网页 demo0603.html 的浏览结果如图 6-5 所示。

这是另一个段落。

图 6-5　网页 demo0603.html 的浏览结果

也可以使用其 parentNode 属性来查找父元素，例如：

```
var child=document.getElementById("p1");
child.parentNode.removeChild(child);
```

6.2 JavaScript 的浏览器对象及操作

BOM 使 JavaScript 能够实现与浏览器的"对话"。由于现代浏览器几乎实现了 JavaScript 交互性方面的所有方法和属性，因此 JavaScript 的方法和属性常被认为是 BOM 的方法和属性。

1. BOM 的层次结构

浏览器对象就是网页浏览器本身各种实体元素在 JavaScript 代码中的体现。使用浏览器对象可以与 HTML 文档进行交互，其作用是将相关元素组织起来，提供给程序设计人员使用，从而减小程序设计人员的编程工作量。

当打开网页时，首先看到浏览器窗口，即 window 对象，window 对象指的是浏览器窗口本身。浏览器会自动创建 DOM 中的一些对象，这些对象存放了 HTML 页面的属性和其他相关信息。人们看到的网页文档内容即 document 对象。因为这些对象在浏览器上运行，所以也称为浏览器对象。window 对象是所有页面对象的根节点，在 JavaScript 中，window 对象是全局对象。BOM 采用层次结构，主要分为以下 4 个层次。

（1）第 1 层次

BOM 的层次结构中，最顶层的对象是 window 对象，它代表当前的浏览器窗口。该对象包括许多属性、方法和事件，开发者可以利用这个对象控制浏览器窗口。

所有浏览器都支持 window 对象，所有 JavaScript 全局对象、函数和变量会自动成为 window 对象的成员。全局变量是 window 对象的属性，全局函数是 window 对象的方法，甚至 DOM 的 document 对象也是 window 对象的属性。

例如：

```
window.document.getElementById("header");
```

其等同于以下代码。

```
document.getElementById("header");
```

（2）第 2 层次

window 对象之下是 document（文档）、screen（屏幕）、event（事件）、frame（框架）、history（历史）、location（地址）、navigator（环境）等对象。

（3）第 3 层次

document 对象之下包括 form（表单）、image（图像）、link（链接）、anchor（锚）等对象。

（4）第 4 层次

form 对象之下包括 text（文本）、button（按钮）、checkbox（复选框）、submit（提交）、radio（单选按钮）、fileUpload（文件域）等对象。

下面对第 1 层次和第 2 层次中常用的对象进行介绍。

2. window 对象及其属性和方法

window 对象代表当前浏览器窗口，是每一个已打开的浏览器窗口的父对象，包含 document、navigator、location、history 等子对象。

该对象常用的属性与方法如下。

（1）defaultStatus 属性：用于设置或获取默认的状态栏信息。

（2）status 属性：用于设置或获取窗口状态栏中的信息。

（3）self 属性：表示当前 window 对象本身。

（4）parent 属性：表示当前 window 对象的父对象。

（5）open(参数列表)方法：表示打开一个具有指定名称的新窗口。

例如：

```
window.open("images/01.gif", "www_helpor_net", "toolbar=no,
            status=no,  menubar=no,  scrollbars=no,  resizable=no,
            width=228,  height=92,  left=200,  top=50");
```

使用 window.open()方法打开窗口，可以设置打开窗口的相关信息，其中，toolbar 表示窗口的工具栏是否显示，status 表示窗口的状态栏是否显示，menubar 表示窗口的菜单栏是否显示，scrollbars 表示窗口的滚动条是否显示，resizable 表示窗口尺寸是否可调整，width 和 height 分别表示窗口的宽度和高度，left 和 top 分别表示窗口左上角至屏幕左上角的水平方向和垂直方向的距离，单位为像素。

（6）close()方法：表示关闭当前窗口。

（7）moveTo(x,y)方法：表示移动当前窗口。

（8）resizeTo(height,width)方法：表示调整当前窗口的尺寸。

（9）resizeBy(w,h)方法：表示窗口宽度增大 w，高度增大 h。

（10）showModalDialog()方法：表示在一个模式窗口中显示指定的 HTML 文档。该方法与 open()方法类似，它有 3 个参数，第 1 个参数为网址，第 2 个参数为窗口名，第 3 个参数为模式窗口的高度和宽度。showModalDialog()方法具有返回值，返回的是所打开的模式窗口中的内容字符串。

3. document 对象及其属性和方法

document 对象代表当前浏览器窗口中的文档，使用它可以访问到文档中的所有其他对象，如图像、表单等。

document 对象常用的属性与方法如下。

（1）all 属性：表示包含文档中所有 HTML 标签的数组。

（2）bgColor 属性：用于获取或设置网页文档的背景颜色。

例如：

```
document.bgColor="green";
alert(document.bgColor);
```

（3）fgColor 属性：用于获取或设置网页文本颜色（前景色）。

（4）linkColor 属性：用于获取或设置未单击过的超链接的颜色。

（5）alinkColor 属性：用于获取或设置激活超链接的颜色。

（6）vlinkColor 属性：用于获取或设置已单击过的超链接的颜色。

（7）title 属性：用于获取或设置网页文档的标题，等价于 HTML 的<title>标签。

例如：

```
alert(document.title);
```

（8）forms 属性：表示包含网页文档中所有表单的数组。

例如：

```
document.forms[0];
```

（9）write()方法：表示将字符或变量值输出到窗口。

（10）close()方法：表示将窗口关闭。

（11）网页元素的 offsetLeft 属性：表示该元素相对于页面（或由 offsetParent 属性指定的父元素）左侧的位置。该属性和 style.left 的作用相同，可读、可写。

（12）网页元素的 offsetTop 属性：表示该元素相对于页面（或由 offsetParent 属性指定的父元素）

顶部的位置。该属性和 style.top 的作用相同,可读、可写。

4. screen 对象及其属性

screen 对象包含有关用户屏幕的信息,在调用 screen 对象编写程序时可以不使用 window 这个前缀。screen 对象常用的属性如下。

(1)width 和 height 属性:它们分别用于返回屏幕的最大宽度和高度,与屏幕分辨率对应。例如,屏幕分辨率设置为 1680 像素×1050 像素,则屏幕的最大宽度为 1680 像素,屏幕的最大高度为 1050 像素。

(2)availWidth 属性:该属性用于返回用户屏幕可用工作区的宽度,单位为像素,其值为屏幕宽度减去界面元素特性(如窗口滚动条)的宽度。

(3)availHeight 属性:该属性用于返回用户屏幕可用工作区的高度,单位为像素,其值为屏幕高度减去界面元素特性(如窗口任务栏)的高度。

例如,获取屏幕的可用宽度:

```
<script>
    document.write("可用宽度: " + screen.availWidth);
</script>
```

例如,获取屏幕的可用高度:

```
<script>
    document.write("可用高度: " + screen.availHeight);
</script>
```

5. history 对象及其属性和方法

history 对象包含用户在浏览器窗口中最近访问过网页的 URL,所有浏览器都支持该对象。

history 对象是 window 对象的一部分,可以通过 window.history 对其进行访问。在调用 history 对象编写程序时可不使用 window 这个前缀。为了保护用户的隐私,用户在使用 JavaScript 访问 history 时有一定的限制。

history 对象的属性与方法如下。

(1)length 属性:用于返回历史 URL 列表中的网址数。

(2)back()方法:用于加载历史 URL 列表中的当前 URL 的上一个 URL,这与在浏览器中单击"后退"按钮的作用相同。

(3)forward()方法:用于加载历史 URL 列表中的当前 URL 的下一个 URL,这与在浏览器中单击"前进"按钮的作用相同。

(4)go()方法:用于加载历史 URL 列表中的某个具体 URL。

6. location 对象及其属性和方法

location 对象用于获得当前页面的地址(URL),并把浏览器重定向到新的页面。在调用 location 对象时,可不使用 window 这个前缀。

location 对象常用属性与方法如下。

(1)hostname 属性:返回 Web 主机的域名。

(2)path 属性:返回当前页面的路径和文件名。

(3)port 属性:返回 Web 主机的端口号(80 或 443)。

(4)protocol 属性:返回所使用的 Web 协议(HTTP 或 HTTPS)。

(5)href 属性:设置或返回当前页面的 URL。

(6)pathname 属性:返回 URL 的路径名。

(7)assign()方法:加载新的文档。

(8)reload()方法:重新加载当前页面。

7. navigator 对象

navigator 对象提供了浏览器环境的信息，包括浏览器的版本号、运行的平台等信息。navigator 对象也包含访问者浏览器的有关信息。navigator 对象在被调用时可不使用 window 这个前缀。

使用 navigator 对象检测可以嗅探不同的浏览器。例如，只有 Opera 支持属性 window.opera，可以据此识别出 Opera。

> 来自 navigator 对象的信息具有误导性，不应该用于检测浏览器版本，因为 navigator 数据可能被浏览器使用者更改，浏览器无法提供晚于浏览器发布的新运行平台的信息。

6.3 JavaScript 的尺寸与位置及其设置方法

6.3.1 网页元素的宽度和高度

1. 浏览器窗口的尺寸和网页的尺寸

通常情况下，网页的尺寸由网页内容和 CSS 样式决定。浏览器窗口的尺寸是指在浏览器窗口中看到的那部分网页区域的尺寸，这部分网页区域又叫作视口（Viewport），浏览器的视口不包括工具栏和滚动条。

显然，如果网页的内容能够在浏览器窗口中全部显示（即不出现滚动条和工具栏），那么网页的尺寸和浏览器窗口的尺寸是相等的；如果不能全部显示，则滚动浏览器窗口可以显示出网页的各个部分。

（1）innerWidth 和 innerHeight 属性

window.innerHeight 表示浏览器窗口的内部高度（以像素计），window.innerWidth 表示浏览器窗口的内部宽度（以像素计）。浏览器窗口（浏览器视口）不包括工具栏和滚动条。

（2）clientWidth 和 clientHeight 属性

document.documentElement.clientHeight 或者 document.body.clientHeight 表示浏览器窗口的内部高度，且不包含滚动条的高度。

示例编程

📖 【示例 6-4】demo0604.html

代码如下：

```
<head>
<style>
body{ margin:0; }
#demo{
    width:100px;
    height:100px;
    padding:10px;
    border:5px solid green;
    background-color:red;
    overflow:auto;
}
</style>
</head>
```

```
<body>
<div id="demo" >
</div>
<script>
var w=document.getElementById("demo").clientWidth ;
var h=document.getElementById("demo").clientHeight ;
document.write("网页区域 demo 的宽度（不包含滚动条在内）为"
                + w + ", 高度为"+ h);
</script>
```

浏览网页 demo0604.html 时，网页中显示的内容如图 6-6 所示。

网页区域demo的宽度（不包含滚动条在内）为120，高度为120

图 6-6　浏览网页 demo0604.html 时，网页中显示的内容

📖【示例 6-5】demo0605.html

示例编程

以下代码的功能是显示浏览器窗口的内部宽度和高度，但不包括工具栏和滚动条的高度和宽度，这是一个可用于所有浏览器的实用解决方案。

```
var w = window.innerWidth
        || document.documentElement.clientWidth
        || document.body.clientWidth;
document.write("浏览器窗口的宽度为" + w + "<br>");
var h = window.innerHeight
        || document.documentElement.clientHeight
        || document.body.clientHeight;
document.write("浏览器窗口的高度为" + h );
```

网页中的每个元素都有 clientWidth 和 clientHeight 属性。这两个属性指元素的内容部分再加上 padding（边距）所占据的视觉面积，不包括 border（边框）和滚动条占用的空间，如图 6-7 所示。因此，document 对象的 clientWidth 和 clientHeight 属性代表了浏览器窗口的尺寸。

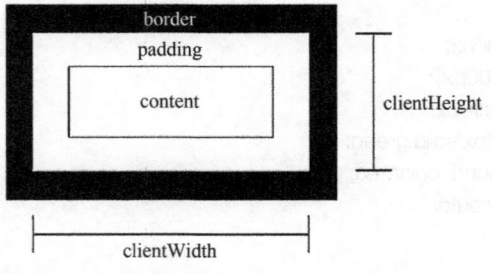

图 6-7　clientHeight 和 clientWidth 属性示意

示例编程

📖【示例 6-6】demo0606.html

代码如下：

```
<script>
function getViewport(){
    if (document.compatMode == "BackCompat"){
        return {
            width: document.body.clientWidth,
            height: document.body.clientHeight
        }
    } else {
        return {
            width: document.documentElement.clientWidth,
            height: document.documentElement.clientHeight
        }
    }
}
document.write("网页的宽度为"+getViewport().width
            +"，网页的高度为"+getViewport().height );
</script>
```

上述代码中的 "BackCompat" 对应 Quirks Mode（怪异模式），表示一种标准兼容模式。由于历史原因，各种浏览器对页面的渲染存在差异，甚至同一浏览器的不同版本对页面的渲染也不同。在 W3C 标准出台以前，浏览器对页面的渲染没有统一的标准；由于 W3C 标准的推出，浏览器对页面的渲染有了统一的标准，即 CSScompat，或称为 Strict Mode（严格模式），也叫作 Standards Mode（标准模式）。W3C 标准推出以后，浏览器开始采纳新标准，但存在一个问题，即如何保证旧的网页能继续显示？在新标准推出以前，很多页面是根据旧的渲染方法编写的，如果用新标准来渲染，则将导致页面显示异常。为保持浏览器对页面的渲染的兼容性，使早期开发的页面也能够正常显示，浏览器都保留了旧的渲染方法，这样浏览器就有两种渲染方法（模式），即 Quirks Mode 和 Standards Mode，并且两种渲染方法共存在一个浏览器上。

使用上述代码中的 getViewport() 函数就可以返回浏览器窗口的高度和宽度。使用该函数时，需要注意以下 3 点。

① 这个函数必须在页面加载完成后才能运行，否则 document 对象还没有生成，浏览器会报错。

② 由 document.documentElement.clientWidth 返回浏览器的宽度。

③ clientWidth 和 clientHeight 都是只读属性，不能对它们赋值。

（3）scrollWidth 和 scrollHeight 属性

网页中的每个元素都有 scrollWidth 和 scrollHeight 属性，是指包含滚动条在内的该元素的宽度和高度。scrollWidth 用于获取网页元素的滚动宽度，scrollHeight 用于获取网页元素的滚动高度。document 对象的 scrollWidth 和 scrollHeight 属性可以表示网页的尺寸，分别是指滚动条滚过的所有页面区域的宽度和高度。

仿照前面的 getViewport() 函数，可以写出如下所示的 getPagearea() 函数。

```
function getPagearea(){
    if (document.compatMode == "BackCompat"){
        return {
            width: document.body.scrollWidth,
            height: document.body.scrollHeight
        }
```

```
        } else {
            return {
                width: document.documentElement.scrollWidth,
                height: document.documentElement.scrollHeight
            }
        }
    }
```

　　但是以上所定义的函数 getPagearea()存在一个问题。如果网页内容能够在浏览器窗口中全部显示，不出现滚动条，那么网页的 clientWidth 和 scrollWidth 的值应该相等。但是实际上，不同浏览器有不同的处理方式，这两个属性的值未必相等。此时，需要取它们之中较大的那个值，这就要对 getPagearea()函数进行改写。

　　📖【**示例 6–7**】demo0607.html
　　　　代码如下：

```
<script>
function getPagearea(){
        if (document.compatMode == "BackCompat"){
                return {
                        width: Math.max(document.body.scrollWidth,
                                        document.body.clientWidth),
                        height: Math.max(document.body.scrollHeight,
                                        document.body.clientHeight)
                }
        } else {
                return {
                        width: Math.max(document.documentElement.scrollWidth,
                                        document.documentElement.clientWidth),
                        height: Math.max(document.documentElement.scrollHeight,
                                        document.documentElement.clientHeight)
                }
        }
}
document.write("网页的滚动宽度："+ getPagearea().width
                +"，网页的滚动高度："+ getPagearea().height );
</script>
```

（4）offsetWidth 和 offsetHeight 属性
　　document.body.offsetWidth 表示网页可见区域的宽度，包括边线的宽度；document.body.offsetHeight 表示网页可见区域的高度，包括边线的高度。
　　例如：

```
<script>
var w=document.body.offsetWidth;
var h=document.body.offsetHeight;
document.write("网页的宽度为" + w + "，高度为" + h );
</script>
```

　　页面元素的 offsetWidth 属性是指页面元素自身的宽度，单位为像素。
　　页面元素的 offsetHeight 属性是指页面元素自身的高度，单位为像素。
　　例如：

```
<script>
var w=document.getElementById("demo").offsetWidth;
var h=document.getElementById("demo").offsetHeight;
document.write("网页区域 demo 的宽度为" + w + "，高度为" + h）;
</script>
```

2. 屏幕的宽度和高度

window.screen.width 用于获取屏幕的宽度，window.screen.height 用于获取屏幕的高度。
例如：

```
<script>
var w=window.screen.width;
var h=window.screen.height;
document.write("屏幕宽度为" + w + "，高度为" + h）;
</script>
```

3. 屏幕可用工作区的宽度和高度

window.screen.availWidth 用于获取屏幕可用工作区的宽度，window.screen.availHeight 用于
获取屏幕可用工作区的高度。
例如：

```
<script>
var w=window.screen.availWidth;
var h=window.screen.availHeight;
document.write("屏幕可用工作区宽度为" + w + "，高度为" + h  ;
</script>
```

6.3.2 网页元素的位置

1. offsetTop 和 offsetLeft 属性

网页元素的绝对位置是指该元素的左上角相对于整个网页左上角的坐标。这个绝对位置要通过计算
才能得到。每个元素都有 offsetTop 和 offsetLeft 属性，它们分别表示该元素的左上角与父元素
（offsetParent 对象）左上角垂直和水平方向上的距离，如图 6-8 所示。其中，offsetTop 属性可以用
于获取页面元素距离页面上方或父元素上方的距离，offsetLeft 属性可以用于获取页面元素距离页面左
方或父元素左方的距离，单位都为像素。

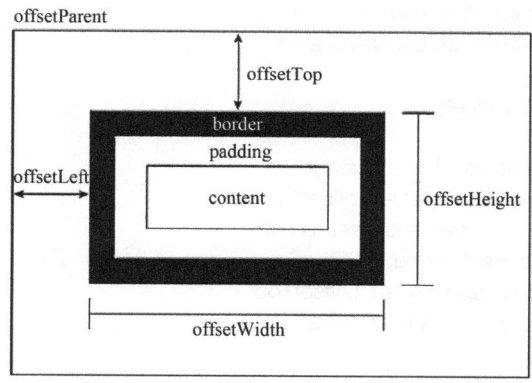

图 6-8   offsetTop 和 offsetLeft 属性示意

offsetParent 是指元素最近的定位（relative、absolute）父元素，如果没有定位父元素，则会指向<body>元素。网页元素的偏移量（offsetLeft、offsetTop）就是以父元素为参考物的。

示例编程

📖【示例 6-8】demo0608.html

代码如下：

```
<style>
#demo{
    position: relative;
    left:50px;
    top:170px;
    width:100px;
    height:100px;
    padding:15px;
    border:2px solid green;
    overflow:auto;
}
#demo1{
    position: relative;
    left:10px;
    top:20px;
    width:50px;
    height:50px;
    padding:12px;
    border:5px solid blue;
    background-color:red;
    overflow:auto;
}
</style>
<div id="demo" >
    <div id="demo1" ></div>
</div>
<script>
function getElementLeft(element){
    var actualLeft = element.offsetLeft;
    var current = element.offsetParent;
    while(current !== null){
        actualLeft += current.offsetLeft;
        current = current.offsetParent;
    }
    return actualLeft;
}
function getElementTop(element){
    var actualTop = element.offsetTop;
    var current = element.offsetParent;
    while ( current !== null ){
        actualTop += current.offsetTop;
        current = current.offsetParent;
    }
    return actualTop;
}
```

```
document.write("网页区域 demo1 的绝对坐标为"
                + getElementLeft(document.getElementById("demo1")) + ", "
                + getElementTop(document.getElementById("demo1"))) ;
</script>
```

网页 demo0608.html 的浏览效果如图 6-9 所示。

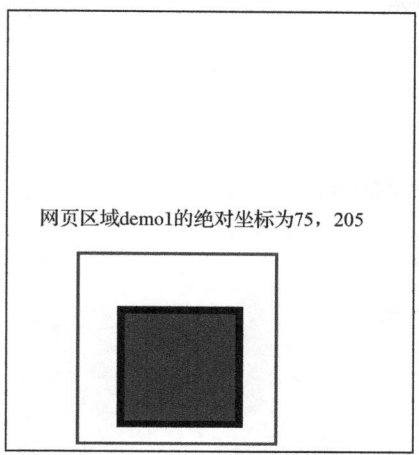

图 6-9　网页 demo0608.html 的浏览效果

由于在<table>和<iframe>中，offsetParent 对象未必等于父元素，所以示例 6-8 中的两个函数对<table>和<iframe>中的元素不适用。

2. scrollTop 和 scrollLeft 属性

网页元素的相对位置是指该元素左上角相对于浏览器窗口左上角的坐标。有了绝对位置以后，获得相对位置就很容易了，只要将绝对位置的坐标减去页面的滚动条滚动的距离即可。通过 document 对象的 scrollTop 属性可以设置或获取页面元素最顶端和窗口中可见内容最顶端之间的距离。通过 document 对象的 scrollLeft 属性可以设置或获取页面元素最左端和窗口中可见内容最左端之间的距离，如图 6-10 所示。如果元素是可以滚动的，则可以通过这 2 个属性得到元素在水平方向和垂直方向上滚动的距离，单位是像素。对于不可以滚动的元素，它的这 2 个属性的值总是 0。

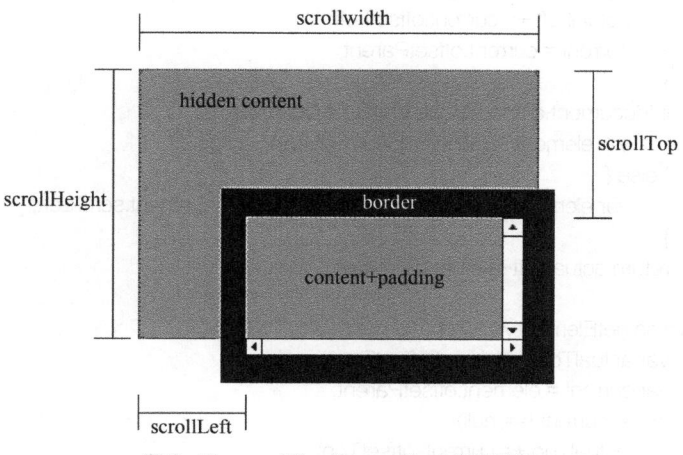

图 6-10　scrollTop 和 scrollLeft 属性示意

📖 【示例 6-9】demo0609.html

代码如下：

```
<style>
body{ margin:0; }
#demo{
    position: relative;
    left:50px;
    top:170px;
    width:100px;
    height:100px;
    padding:15px;
    border:2px solid green;
    overflow:auto;
}
#demo1{
    position: relative;
    left:10px;
    top:20px;
    width:50px;
    height:50px;
    padding:12px;
    border:5px solid blue;
    background-color:red;
    overflow:auto;
}
</style>
<div id="demo" >
    <div id="demo1" ></div>
</div>
<script>
function getElementViewLeft(element){
    var actualLeft = element.offsetLeft;
    var current = element.offsetParent;
    while (current !== null){
        actualLeft += current.offsetLeft;
        current = current.offsetParent;
    }
    if (document.compatMode == "BackCompat"){
        var elementScrollLeft=document.body.scrollLeft;
    } else {
        var elementScrollLeft=document.documentElement.scrollLeft;
    }
    return actualLeft-elementScrollLeft;
}
function getElementViewTop(element){
    var actualTop = element.offsetTop;
    var current = element.offsetParent;
    while (current !== null){
        actualTop += current. offsetTop;
```

```
                current = current.offsetParent;
        }
        if (document.compatMode == "BackCompat"){
            var elementScrollTop=document.body.scrollTop;
        } else {
            var elementScrollTop=document.documentElement.scrollTop;
        }
        return actualTop-elementScrollTop;
    }
    document.write("网页区域 demo1 的相对坐标为"
                    + getElementViewLeft(document.getElementById("demo1")) + ", "
                    + getElementViewTop(document.getElementById("demo1"))) ;

</script>
```

网页 demo0609.html 的浏览效果如图 6-11 所示。

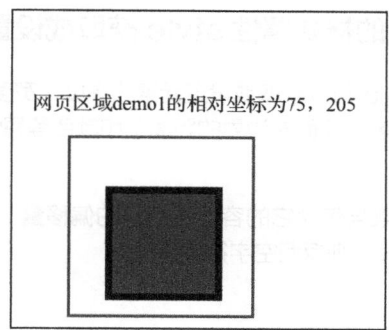

网页区域demo1的相对坐标为75，205

图 6-11　网页 demo0609.html 的浏览效果

document.documentElement.scrollTop 用于获取页面元素在垂直方向上滚动的距离。document.body.scrollTop 用于获取页面滚动的距离。

要获取当前页面滚动条纵坐标，应使用 document.documentElement.scrollTop 属性，而不是使用 document.body.scrollTop 属性，因为 documentElement 对应的是<html>标签，而 body 对应的是<body>标签。

scrollTop 和 scrollLeft 属性是可以赋值的，并且会在赋值后立即自动将网页滚动到相应位置，因此可以利用它们改变网页元素的相对位置。另外，element.scrollIntoView()方法也有类似作用，可以使网页元素出现在浏览器窗口的左上角。

3. screenTop 和 screenLeft 属性

window 对象的 screenTop 属性可以用于获取网页内容的上边距，window 对象的 screenLeft 属性可以用于获取网页内容的左边距。

📖 【示例 6-10】demo0610.html
代码如下：

```
<script>
    document.write("网页内容的左边距为" + window.screenLeft + "<br>") ;
    document.write("网页内容的上边距为" + window.screenTop ) ;
</script>
```

4. getBoundingClientRect()方法

使用 getBoundingClientRect()方法可以立刻获得网页元素的位置，该方法返回的是一个对象，其中包含 left、right、top 和 bottom 这 4 个属性，可以对应元素的左上角和右下角相对于浏览器窗口左上角的距离。

网页元素的相对位置如下。

```
var X= document.getElementById("demo").getBoundingClientRect().left;
var Y =document.getElementById("demo").getBoundingClientRect().top;
```

再加上滚动距离，就可以得到绝对位置。

```
var X= document.getElementById("demo").getBoundingClientRect().left
        +document.documentElement.scrollLeft;
var Y =document.getElementById("demo").getBoundingClientRect().top
        +document.documentElement.scrollTop;
```

目前，Firefox 3.0 及以上版本、Opera 9.5 及以上版本都支持该方法，但 Firefox 2.x、Safari、Chrome、Konqueror 不支持该方法。

6.3.3 通过网页元素的样式属性 style 获取或设置元素的尺寸和位置

通过网页元素的样式属性 style 可以获取或设置元素的高度、宽度、上边界偏移量（元素与页面上边界的距离）、左边界偏移量（元素与页面左边界的距离）和颜色等属性。

1. style.left

该属性用于返回定位页面元素与包含它的容器左边界的偏移量。left 属性的返回值是字符串，是 HTML 中 left 的值，如果没有该值，则返回空字符串。

2. style.pixelLeft

该属性用于返回定位页面元素与包含它的容器左边界偏移量的整数像素值，因为 left 属性的非位置值返回的是包含单位的字符串，如 30px，利用这个属性可以单独获取以像素为单位的数值。pixelLeft 属性返回的是数值，其作用是将 left 的值（如果是空字符串，则赋值为 0）转换为像素值。

3. style.posLeft

该属性返回定位页面元素与包含它的容器左边界偏移量的数量值，不考虑相应的样式表元素指定什么单位，因为 left 属性的非位置值返回的是包含单位的字符串，如 1.2em。posLeft 属性的作用就是将 left 的值转换为数值，而且是浮点数。

top、pixelTop、posTop 这几个属性的说明类似以上内容。

例如，对于以下<div>元素：

```
<div id="demo" style="height:100px ; width:300px; padding:10px ; margin:5px ;
                border:2px solid blue ; background-color:lightblue ;
                position:absolute;"></div>
```

设置该元素的上边界和左边界位置的代码如下。

```
var divX=document.getElementById("demo");
divX.style.top=50;
divX.style.left=100;
```

获取该元素的上边界和左边界的像素值的代码如下。

```
pixelTopX=divX.style.pixelTop;
pixelLeftX=divX.style.pixelLeft;
```

4. 其他属性

有关页面元素位置的其他属性如下：event.clientX 用于获取相对文档的水平坐标，event.clientY 用于获取相对文档的垂直坐标；event.offsetX 用于获取相对容器的水平坐标，event.offsetY 用于获取相对容器的垂直坐标。

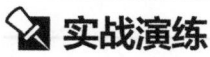 实战演练

【任务 6-1】实现邮箱自动导航

【任务描述】

创建网页 0601.html，编写 JavaScript 程序，实现以下功能：在图 6-12 所示的网页下拉列表中选择一个邮箱地址，单击"Go"按钮打开对应的邮箱登录页面，实现邮箱自动导航。

图 6-12　在下拉列表中选择一个邮箱地址

【任务实施】

创建网页 0601.html，编写 JavaScript 程序，该网页中实现邮箱自动导航对应的 HTML 代码如表 6-1 所示。

表 6-1　网页 0601.html 中实现邮箱自动导航对应的 HTML 代码

序号	程序代码
01	<div class="login">
02	<form>
03	<table>
04	<tr>
05	<td><span>邮箱登录</span>
06	<select id="emailSelect" class="inp" onchange="changEmailBox();"
07	name="emailSelect">
08	<option value="inp" selected="">请选择邮箱</option>
09	<option value="http://mail.163.com/">@163.com </option>
10	<option value="http://www.126.com/">@126.com </option>
11	<option value="https://mail.qq.com/">@qq.com </option>
12	<option value="http://www.hotmail.com/">@hotmail.com </option>
13	<option value="http://www.yeah.net/">@yeah.net </option>
14	</select>
15	</td>
16	<td>
17	<div id="goEmailButton" style="float:right;">
18	<img src="images/button_gif_089.gif" /></div>

续表

序号	程序代码
19	</td>
20	</tr>
21	</table>
22	</form>
23	</div>

网页 0601.html 中实现邮箱自动导航的 JavaScript 代码如表 6-2 所示。

表 6-2　网页 0601.html 中实现邮箱自动导航的 JavaScript 代码

序号	程序代码
01	<script type="text/javascript">
02	function changEmailBox() {
03	var vx = document.getElementById("emailSelect");
04	if (vx.options[vx.selectedIndex].attributes['value'].value != "") {
05	document.getElementById("goEmailButton").innerHTML = "<a href='"
06	+ vx.options[vx.selectedIndex].attributes['value'].value
07	+ "' target='_blank'><img src='images/botton_gif_089.gif' style='border:none' /></a>";
08	}
09	else {
10	document.getElementById("goEmailButton").innerHTML =
11	"<img src='images/botton_gif_089.gif' style='border:none' />";
12	}
13	}
14	</script>

表 6-2 中的代码解释如下。

在下拉列表各选项的 value 属性中存储邮箱地址，当选择一个列表项时，通过 value 属性获取邮箱地址，并将该邮箱地址设置为 href 属性的值。

【任务 6-2】实现网页内容折叠与展开

【任务描述】

创建网页 0602.html，该网页中折叠与展开网页内容特效的初始状态如图 6-13 所示。单击"收起"超链接时，折叠对应的网页内容，如图 6-14 所示；单击"展开"超链接时，展开对应的网页内容。

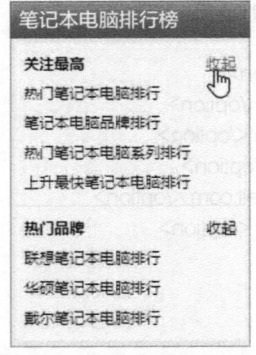

图 6-13　折叠与展开网页内容特效的初始状态　图 6-14　单击"收起"超链接时折叠对应的网页内容

【任务实施】

创建网页 0602.html，该网页中折叠与展开网页内容特效主要应用的 CSS 代码如表 6-3 所示。

表 6-3　网页 0602.html 中折叠与展开网页内容特效主要应用的 CSS 代码

序号	程序代码	序号	程序代码
01	.rankSB-cate .expA dl dd {	04	.rankSB-cate .expA .dlA-hide dd {
02	display: block; float: none; width: 155px	05	display: none
03	}	06	}

网页 0602.html 中折叠与展开网页内容特效对应的 HTML 代码如表 6-4 所示。

表 6-4　网页 0602.html 中折叠与展开网页内容特效对应的 HTML 代码

序号	程序代码
01	<div class="sidebar">
02	<div class="modbrandOut mb10 rankSB-cate">
03	<div class="modbrand">
04	<div class="thA"><span class="mark">笔记本电脑排行榜</span></div>
05	<div class="tbA">
06	<div class="expA">
07	<dl class="dlA clearfix">
08	<dt><i>关注最高</i>
09	<a class="btn" href="javascript://" name="jHide">收起</a>
10	</dt>
11	<dd><a href="">热门笔记本电脑排行</a> </dd>
12	<dd><a href="">笔记本电脑品牌排行</a></dd>
13	<dd><a href="">热门笔记本电脑系列排行</a></dd>
14	<dd><a href="">上升最快笔记本电脑排行</a></dd>
15	</dl>
16	<dl class="dlA clearfix">
17	<dt><i>热门品牌</i>
18	<a class="btn" href="javascript://" name="jHide">收起</a>
19	</dt>
20	<dd><a href="">联想笔记本电脑排行</a></dd>
21	<dd><a href="">华硕笔记本电脑排行</a></dd>
22	<dd><a href="">戴尔笔记本电脑排行</a></dd>
23	</dl>
24	</div>
25	</div>
26	</div>
27	</div>
28	</div>

网页 0602.html 中实现折叠与展开网页内容特效的 JavaScript 代码如表 6-5 所示。其中，JavaScript 代码为每一个 name 属性值为 jHide 的超链接设置触发 onClick 事件时调用的匿名函数，通过设置网页元素的 className 属性隐藏与显示对应的网页元素，同时通过设置超链接的 innerHTML 属性，动态改变其文本内容。

表 6-5　网页 0602.html 中实现折叠与展开网页内容特效的 JavaScript 代码

序号	程序代码
01	`<script>`
02	`(function(){`
03	`  var hides=document.getElementsByName("jHide");`
04	`  for(var i=0 ; i<hides.length ; i++)`
05	`    {`
06	`      hides[i].onclick=function()`
07	`      {`
08	`        var box=this.parentNode.parentNode;`
09	`        if(box.className.indexOf("dlA-hide")<0) {`
10	`          box.className+=" dlA-hide";`
11	`          this.innerHTML="展开"      }`
12	`        else {`
13	`          box.className=box.className.replace(/dlA-hide/," ");`
14	`          this.innerHTML="收起"      }`
15	`      };`
16	`    };`
17	`})();`
18	`</script>`

【任务 6-3】实现注册表单中的网页特效

【任务描述】

创建网页 0603.html，该网页中的注册表单如图 6-15 所示。

图 6-15　网页 0603.html 中的注册表单

该注册表单包含以下多项网页特效。

（1）动态创建窗口，显示或隐藏提示信息。

（2）年、月、日具有级联关系，即改变月，能实时动态获取该月的天数，且将其动态添加到日期下拉列表中。

【任务实施】

创建网页 0603.html，该网页中的注册表单对应的 HTML 代码如表 6-6 所示。

表 6-6　网页 0603.html 中的注册表单对应的 HTML 代码

序号	程序代码
01	`<div class="div_body">`
02	`<div class="head"><strong>用户注册</strong></div>`
03	`<div class="clearfix">`
04	`<form id="memberform" style="padding: 0px;margin: 0px; width: 100%;"`
05	`name="memberform"`
06	`onsubmit="return fm_chk(this)" action="" method="post" target="_self">`
07	`<ul class="zc_ul">`
08	`<li><span class="dlm"><em>设置登录名：</em>`
09	`<input class="text_2" id="username" tabindex="1"`
10	`alt="登录名：4～16/全数字/无内容/下画线/有全角/有空格/有大写/有汉字"`
11	`maxlength="16" name="username" autocomplete="off" />`
12	`</span>`
13	`</li>`
14	`<li><span class="dlm"><em>设置密码：</em>`
15	`<input class="text_2" id="password" onkeyup="pwd_change();"`
16	`tabindex="2" type="password"`
17	`alt="密码：4～16 位/全数字/英文数字/有空格/无内容/下画线/有全角/怪字符"`
18	`maxlength="16" name="password" autocomplete="off" />`
19	`</span>`
20	`</li>`
21	`<li><span class="dlm"><em>确认密码：</em> <input class="text_2"`
22	`id="password2" tabindex="3" type="password" alt="password：确认密码"`
23	`maxlength="16" name="password2" autocomplete="off" />`
24	`</span>`
25	`</li>`
26	`<li><span class="dlm"><em>输入邮箱地址：</em> <input class="text_2"`
27	`id="Email" tabindex="4"　name="Email" autocomplete="off"`
28	`alt="邮箱名：怪字符/全数字/下画线/有全角/有空格/有汉字/无内容" />`
29	`</span>`
30	`</li>`
31	`<li><span class="csrq"><em>出生日期：</em>`
32	`<select id="byear"　name="byear" onchange="changeMonth(this.value)"`
33	`alt="年份：无内容">`
34	`<option value="">请选择年</option> 年`
35	`</select>`
36	`<select id="bmonth"　name="bmonth"　onchange="changeDay(this.value)"`
37	`alt="月份：无内容" >`
38	`<option value="">选择月</option> 月`
39	`</select>`
40	`<select id="bday" name="bday" alt="日期：无内容">`
41	`<option value="">选择日</option> 日`
42	`</select>`
43	`</span>`
44	`</li>`
45	`<li class="xb_li"><span class="dlm"><em>性别：</em>`

序号	程序代码
46	`<input class="rad_1" id="sex" tabindex="8" type="radio" value="1"`
47	`name="sex"`
48	`alt="性别：无内容"/> <label for="sex">男</label>  `
49	`<input class="rad_1" id="Sex2" tabindex="9" type="radio" value="2"`
50	`name="sex"`
51	`alt="性别：无内容" /> <label for="Sex2">女</label>`
52	`</span>`
53	`</li>`
54	`<li>`
55	`<span class="szdc"><em>所在地区：</em>`
56	`<select id="province" tabindex="10" onchange="changeCity()"`
57	`name="province"`
58	`alt="地区：无内容">`
59	`<option selected>==选择所在地区==</option>`
60	`<option value="北京">北京</option>`
61	`<option value="上海">上海</option>`
62	`<option value="天津">天津</option>`
63	`<option value="重庆">重庆</option>`
64	`<option value="湖北">湖北</option>`
65	`<option value="湖南">湖南</option>`
66	`…`
67	`</select>`
68	`</span>`
69	`</li>`
70	`</ul>`
71	`<ul class="zc_ul2">`
72	`<li style="margin-left:110px;">`
73	`<input class="submit_btn" tabindex="14" type="image"`
74	`src="images/btn_3.jpg" name="event_submit_do_register" />`
75	`</li>`
76	`</ul>`
77	`</form>`
78	`</div>`
79	`</div>`

网页 0603.html 中主要应用的 CSS 代码如表 6-7 所示。

表 6-7　网页 0603.html 中主要应用的 CSS 代码

序号	程序代码	序号	程序代码
01	`.ts_bg {`	10	`line-height: 44px;`
02	`padding-right: 5px;`	11	`height: 44px`
03	`display: inline;`	12	`}`
04	`padding-left: 5px;`	13	`.tsbg1 {`
05	`font-size: 12px;`	14	`display: inline; float: left`
06	`background: url(images/ts_bg.jpg)`	15	`}`
07	`repeat-x;`	16	`.tsbg2 {`
08	`float: left;`	17	`display: inline;`
09	`color: red;`	18	`float: left`

续表

序号	程序代码	序号	程序代码
19	}	25	}
20	.ts {	26	.szdc {
21	display: inline;	27	display: inline;
22	float: left;	28	float: left;
23	position: relative;	29	width: 400px
24	top: −11px	30	}

网页 0603.html 的注册表单中实现年、月、日级联关系的 JavaScript 代码如表 6-8 所示。

表6-8　网页 0603.html 的注册表单中实现年、月、日级联关系的 JavaScript 代码

序号	程序代码
01	`<script language="JavaScript">`
02	`<!--`
03	`function startDate()`
04	`{`
05	`var yearValue="" , monthValue="" ,dayValue;`
06	`monHead = [31, 28, 31, 30, 31, 30, 31, 31, 30, 31, 30, 31];`
07	`var y = new Date().getFullYear();`
08	`for (var i=y−100; i<=y; i++)`
09	`document.memberform.byear.options.add(new Option(" "+ i , i));`
10	`for (var i = 1; i < 13; i++)`
11	`document.memberform.bmonth.options.add(new Option(" " + i , i));`
12	`document.memberform.byear.value = y;`
13	`document.memberform.bmonth.value = new Date().getMonth() + 1;`
14	`var n = monHead[new Date().getMonth()];`
15	`if (new Date().getMonth() ==1 && isPinYear(yearValue)) n++;`
16	`writeDay(n);`
17	`document.memberform.bday.value = new Date().getDate();`
18	`}`
19	`//初始化`
20	`if(document.attachEvent)`
21	`window.attachEvent("onload", startDate);`
22	`else`
23	`window.addEventListener('load', startDate, false);`
24	
25	`function changeMonth(str) //年发生变化时，日也发生变化(主要是需要判断闰年/平年)`
26	`{`
27	`monthValue = document.memberform.bmonth.options[`
28	`document.memberform.bmonth.selectedIndex].value;`
29	`if (monthValue == ""){`
30	`var dayValue = document.memberform.bday;`
31	`optionsClear(dayValue);`
32	`return;`
33	`}`
34	`var n = monHead[monthValue − 1];`
35	`if (monthValue ==2 && isPinYear(str)) n++;`
36	`writeDay(n)`
37	`}`

序号	程序代码
38	
39	function changeDay(str) //月发生变化时日联动
40	{
41	yearValue = document.memberform.byear.options[
42	document.memberform.byear.selectedIndex].value;
43	if (yearValue == ""){
44	var dayValue = document.memberform.bday;
45	optionsClear(dayValue);
46	return;
47	}
48	var n = monHead[str - 1];
49	if (str ==2 && isPinYear(yearValue)) n++;
50	writeDay(n)
51	}
52	
53	function writeDay(n) //根据条件写日期的下拉列表
54	{
55	dayValue = document.memberform.bday;
56	optionsClear(dayValue);
57	for (var i=1; i<(n+1); i++)
58	dayValue.options.add(new Option(" "+ i , i));
59	}
60	
61	function isPinYear(year)//判断是否为闰年
62	{ return(0 == year%4 && (year%100 !=0 || year%400 == 0));}
63	
64	function optionsClear(day)
65	{
66	day.options.length = 1;
67	}
68	//-->
69	</script>

动态创建窗口以显示或隐藏提示信息的 JavaScript 代码如表 6-9 所示。

表 6-9　动态创建窗口以显示或隐藏提示信息的 JavaScript 代码

序号	程序代码
01	//显示默认文字
02	reg_msg = new Array();
03	reg_msg['username'] = new Array();
04	reg_msg['username']['normal'] = '4~16 位字母或数字，无特殊字符';
05	reg_msg['password'] = new Array();
06	reg_msg['password']['normal'] = '4~16 位字母或数字，无特殊字符';
07	reg_msg['password2'] = new Array();
08	reg_msg['password2']['normal'] = '请再次输入密码';
09	reg_msg['Email'] = new Array();
10	reg_msg['Email']['normal'] = "用于确认身份及找回密码，请正确输入";
11	

序号	程序代码
12	fm_ini()
13	
14	function fm_ini(){
15	var fm,i,j
16	for(i=0;i<document.forms.length;i++){
17	fm=document.forms[i]
18	for(j=0;j<fm.length;j++){
19	if((fm[j].alt+"").indexOf(":")==-1)
20	continue
21	fm[j].onblur=function(){
22	if (typeof reg_msg[this.name] != 'undefined'
23	&& typeof reg_msg[this.name]['normal'] == 'string')
24	{
25	cancel_popup_win(this.name);
26	}
27	}
28	fm[j].onfocus=function(){
29	if (typeof reg_msg[this.name] != 'undefined'
30	&& typeof reg_msg[this.name]['normal'] == 'string') {
31	popup_win(this.name ,
32	'<font color=#666>'+reg_msg[this.name]['normal']+'</font>');
33	}
34	}
35	}
36	}
37	}
38	//为空判断
39	function fm_chk(fm){
40	for(var i=0;i<fm.length;i++){
41	if(fm[i].value=="){
42	popup_win(fm[i].name,reg_msg[fm[i].name]['normal']);
43	return false;
44	}
45	}
46	return true;
47	}
48	//创建窗口
49	function popup_win(idName,msg) {
50	
51	var str = ";
52	str += '<img src="images/tsbg1.jpg" class="tsbg1" /> ';
53	str += '<span class="ts_bg">'+msg+'</span>';
54	str += '<img src="images/tsbg2.jpg" class="tsbg2"/>';
55	//创建一个<div>
56	var div_obj =document.createElement('div');
57	div_obj.className = 'ts';
58	div_obj.id = 'msg_'+idName;
59	div_obj.style.display = 'none';

序号	程序代码
60	if (!oo(div_obj.id)) {
61	oo(idName).parentNode.parentNode.appendChild(div_obj);
62	div_obj.innerHTML = str;
63	div_obj.style.display = 'block';
64	} else {
65	oo(div_obj.id).innerHTML = str;
66	}
67	}
68	
69	function cancel_popup_win(idName) {
70	if (oo('msg_'+idName)) {
71	oo('msg_'+idName).parentNode.removeChild(oo('msg_'+idName));
72	}
73	}
74	
75	function oo(obj){
76	return document.getElementById(obj)
77	}
78	
79	function pwd_change(){
80	oo('password2').value=";
81	}

在线评测

请读者扫描二维码，进入本模块在线习题，完成练习并巩固学习成果。

模块 7
JavaScript 事件处理及应用

JavaScript 是一种基于对象的编程语言，基于对象的编程语言的基本特征是采用事件驱动机制。JavaScript 事件处理程序可以用于处理和验证用户输入、用户动作和浏览器动作。在 JavaScript 程序中综合应用鼠标事件和键盘事件的处理函数，可以实现网页的动态效果。

知识启航

7.1 认识 JavaScript 的事件

事件驱动是指由于某种原因（单击按钮或按键操作等）触发某项事先定义的事件，从而执行处理程序。JavaScript 通过对 HTML 事件进行响应来获得与用户的交互，HTML 事件可以是浏览器或用户做的某些事情。例如，当用户单击一个按钮或者在某段文字上移动鼠标指针时，就触发了一个单击事件或鼠标指针移动事件，通过对这些事件的响应，可以完成特定的功能。例如，单击按钮后弹出对话框、鼠标指针移动到文本上后文本颜色改变等。事件就是用户与 Web 页面交互时产生的操作，当用户进行单击按钮等操作时，即产生事件，需要浏览器对其进行处理。浏览器响应事件并进行处理的过程称为事件处理。

Web 页面触发事件的原因主要如下。

① 网页加载完成。

② 网页被关闭。

③ 页面之间跳转。

④ 网页的表单被提交。

⑤ 网页中输入的数据需要验证。

⑥ 网页表单控件中输入的内容被修改。

⑦ 网页中按钮被单击。

⑧ 网页内部对象的交互，包括选定、离开、改变页面对象等。

JavaScript 允许在事件被监听到时执行代码，通过 JavaScript 代码，可向 HTML 元素添加事件处理程序。

JavaScript 代码可以置于双引号中，也可以置于单引号中。

（1）置于双引号中。例如：

```
<element event="一些 JavaScript 代码">
```

（2）置于单引号中。例如：

```
<element event='一些 JavaScript 代码'>
```

以下代码中，onClick 属性及其代码被添加到\<input\>元素，并且 JavaScript 代码改变了 id="demo" 的元素的内容。

```
<p id="demo"></p>
<input type="button" value="现在的时间是？"
    onclick="document.getElementById('demo').innerHTML=Date()">
```

JavaScript 代码通常有很多行，事件属性调用函数更为常见。例如：

```
<input type="button" value="现在的时间是？" onclick="displayDate()">
function displayDate ()
  {
      document.getElementById('demo').innerHTML=Date();
  }
```

以下代码中，使用 this.value 改变了其自身元素的内容。

```
<input type="button" value="请单击" onclick="this.value='单击成功'">
```

7.2 JavaScript 的鼠标事件和键盘事件

1. 鼠标事件

JavaScript 中常用的鼠标事件有以下几种。

（1）onClick 事件：单击鼠标按键时触发。

（2）onDblClick 事件：双击鼠标按键时触发。

（3）onMouseDown 事件：按下鼠标按键时触发。

（4）onMouseUp 事件：释放鼠标按键时触发。

（5）onMouseOver 事件：鼠标指针移动到页面元素上方时触发。

（6）onMouseOut 事件：鼠标指针离某对象范围时触发。

（7）onMouseMove 事件：鼠标指针在页面上移动时触发。

2. 键盘事件

JavaScript 中常用的键盘事件有以下几种。

（1）onKeyPress 事件：当键盘上的某个键被按下并释放时触发。

（2）onKeyDown 事件：当键盘上的某个键被按下时触发。

（3）onKeyUp 事件：当键盘上的某个键被释放时触发。

7.3 页面事件

页面事件是指 window 对象的事件，JavaScript 中常用的页面事件有以下几种。

（1）onLoad 事件：当前页面或图像被加载完成时触发。

（2）onUnload 事件：当前的网页将被关闭或从当前网页跳转到其他网页时触发。

（3）onMove 事件：当浏览器窗口被移动时触发。

（4）onResize 事件：当浏览器的窗口尺寸被改变时触发。

（5）onScroll 事件：当浏览器滚动条的位置发生变化时触发。

7.4 表单及表单控件事件

JavaScript 中常用的表单及表单控件事件有以下几种。

（1）onBlur 事件：页面上当前表单控件失去焦点时触发。

（2）onChange 事件：页面上当前表单控件失去焦点且其内容发生改变时触发。onChange 事件常用于对控件的输入内容进行验证。

例如，当用户输入或改变输入字段的内容并且当前表单控件失去焦点时，将输入的文本转换为大写形式，代码如下。

```
<input type="text" id="fname1" onchange="this.value =this.value .toUpperCase();">
```

（3）onFocus 事件：当页面上表单控件获得焦点时触发。

例如，当输入字段获得焦点时，改变其背景颜色，代码如下。

```
<input type="text" onfocus="this.style.background='red'">
```

（4）onReset 事件：页面上表单元素的值被重置（清空）时触发。

（5）onSubmit 事件：页面上表单被提交时触发。

7.5 编辑事件

JavaScript 中常用的编辑事件有以下几种。

（1）onSelect 事件：当页面的文本内容被选择时触发。

（2）onBeforeCut 事件：当页面中的一部分或全部内容被剪切到浏览者的系统剪贴板中时触发。

（3）onBeforeCopy 事件：当页面中当前选中的内容被复制到浏览者的系统剪贴板中时触发。

（4）onBeforePaste 事件：当页面内容将要从浏览者的系统剪贴板粘贴到页面上时触发。

（5）onCut 事件：当页面中当前选中内容被剪切时触发。

（6）onCopy 事件：当页面中当前选中内容被复制时触发。

（7）onPaste 事件：当页面内容被粘贴时触发。

（8）onBeforeEditFocus 事件：当前元素将要进入编辑状态时触发。可以利用该事件避免浏览者在输入信息时，对验证信息（如密码文本框中的信息）进行粘贴。

7.6 event 对象

event 对象代表事件的状态，如触发 event 对象的元素和鼠标指针的位置、按下的键的状态等。event 对象只在事件发生的过程中才有效，其主要属性如下。

（1）event.altKey：检查【Alt】键的状态。

（2）event.button：检查按的鼠标按键，0 表示没有按键，1 表示按左键，2 表示按右键，3 表示按左键和右键，4 表示按中间键，5 表示按左键和中间键，6 表示按右键和中间键，7 表示按所有的键。该属性只用于 onMouseDown、onMouseUp、onMouseMove 事件，对于其他事件，不管鼠标按键状态如何，都返回 0。

（3）event.keyCode：检查键盘事件对应的内码，如键盘的【←】、【↑】、【→】、【↓】键对应的内码为 37、38、39、40。

（4）event.shiftKey：检查【Shift】键的状态。

（5）event.srcElement：返回触发事件的元素。

（6）event.type：返回事件名。

（7）event.x 和 event.y：返回鼠标指针相对于具有 position 属性的上级元素的 x 和 y 坐标。如果没有具有 position 属性的上级元素，则默认以<body>元素作为参考对象。例如，当鼠标指针在页面上移动时，鼠标指针移动事件（onMouseMove）被触发，event 对象中存储了该事件的一些属性，其中 event.x 和 event.y 存储了事件发生位置的页面坐标。

7.7　DOM 事件的使用比较

1. onLoad 和 onUnload 事件的使用比较

onLoad 和 onUnload 事件分别在用户进入和离开页面时触发。

onLoad 事件会在页面或图像加载完成时立即触发。onLoad 通常用于<body>元素，在页面(包括图片、CSS 文件等)完全加载后执行脚本。

（1）DOM 事件用于 HTML 中。

其语法格式如下。

```
<body onload="该事件发生时执行的 JavaScript 代码">
```

【示例 7-1】 demo0701.html

代码如下：

```html
<!doctype html>
<html>
<head>
<meta charset="utf-8">
<title>onload 事件</title>
    <script>
    function myFunction(){
        alert("页面加载完成");
    }
    </script>
</head>
<body onload="myFunction()">
    <h1>I'm in a good mood!</h1>
</body>
</html>
```

（2）DOM 事件用于 JavaScript 中。

其语法格式如下。

```
window.onload=function(){ 该事件发生时执行的 JavaScript 代码 };
```

onLoad 事件可用于检测访问者的浏览器类型和浏览器版本，并基于这些信息来加载网页的正确版本。

onUnload 事件在用户离开页面时触发，可以通过单击超链接、提交表单、关闭浏览器窗口等方式触发。

小贴士　触发 onUnload 事件的同时，会触发 onLoad 事件。

【示例 7-2】 demo0702.html

代码如下：

```html
<!doctype html>
<html>
<head>
```

```
    <meta charset="utf-8">
    <title>onUnload 事件</title>
      <script>
      function myFunction(){
          alert("谢谢访问本网站！ ");
      }
      </script>
  </head>
  <body onunload="myFunction()">
      <h1>欢迎来到我的主页</h1>
      <p>关闭窗口或者按 F5 键刷新页面</p>
  </body>
  </html>
```

onLoad 事件和 onUnload 事件还可用于处理 cookie。使用 onLoad 处理 cookie 的示例如下所示。

📖【示例 7-3】demo0703.html
    代码如下：

```
<body onload="checkCookies()">
</body>
<script>
function checkCookies()
{
if (navigator.cookieEnabled==true)
    {
        alert("已启用 cookie")
    }
else
    {
        alert("未启用 cookie")
    }
}
</script>
```

2. onMouseOver 和 onMouseOut 事件的使用比较

onMouseOver 和 onMouseOut 事件分别在鼠标指针移动到 HTML 元素上方和移出元素范围时触发。

📖【示例 7-4】demo0704.html
    以下代码实现的功能如下：当鼠标指针移动到元素上方时，改变其文本颜色为红色；当鼠标指针移出元素范围后，再次改变其文本颜色为蓝色。

```
<div style="color:green" onmouseover="style.color='red'"
                    onmouseout="style.color='blue'">
    请把鼠标指针移动到这段文本上
</div>
```

3. onMouseDown、onMouseUp 以及 onClick 事件的使用比较

onMouseDown、onMouseUp 以及 onClick 构成了单击事件。首先，当按下鼠标按键时，触发

onMouseDown 事件；当释放鼠标按键时，触发 onMouseUp 事件；最后，当完成单击时，触发 onClick 事件。

【示例 7-5】demo0705.html

以下代码实现的功能如下：当鼠标指针在元素上并按下鼠标按键时，元素文本颜色变为绿色；当释放鼠标按键时，元素文本颜色变为紫色。

```
<div onmousedown="style.color='green'" onmouseup="style.color='purple'">
    单击这里
</div>
```

onClick 事件会在用户完成单击时触发。

例如：

```
<button id="myBtn" onclick="displayDate()">单击这里</button>
```

函数 displayDate()在按钮被单击时执行，也可以写为以下形式。

```
document.getElementById("myBtn").onclick=function(){ displayDate() };
```

当按钮被单击时，执行函数 displayDate()。

7.8 JavaScript 的事件方法

JavaScript 的事件方法用于触发对应的事件，即通过代码触发事件。JavaScript 常用的事件方法如表 7-1 所示。

表 7-1　JavaScript 常用的事件方法

事件方法	功能说明	对应的事件
click()	相当于单击	onClick
blur()	使对象失去焦点	onBlur
focus()	使对象得到焦点	onFocus
select()	选择表单控件	onSelect
reset()	重置（清空）表单数据	onReset
submit()	提交表单数据	onSubmit

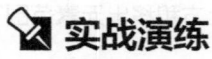 实战演练

【任务 7-1】实现网页中的横向导航菜单

【任务描述】

创建网页 0701.html，该网页中的横向导航菜单如图 7-1 所示。应用 JavaScript 的 onLoad、onMouseOver、onMouseOut 等事件，className、length 等属性以及 getElementById()、getElementsByTagName()、replace()等方法实现该导航菜单，同时要应用 RegExp 对象创建正则表达式。

图 7-1 网页 0701.html 中的横向导航菜单

【任务实施】

创建网页 0701.html，该网页中横向导航菜单主要应用的 CSS 代码如表 7-2 所示。

表 7-2 网页 0701.html 中横向导航菜单主要应用的 CSS 代码

序号	程序代码	序号	程序代码
01	#nav li:hover ul {	04	#nav li.sfhover ul {
02	left: auto;	05	left: auto;
03	}	06	}

网页 0701.html 中横向导航菜单对应的 HTML 代码如表 7-3 所示。

表 7-3 网页 0701.html 中横向导航菜单对应的 HTML 代码

序号	程序代码
01	<div id="daohang">
02	<ul id="nav">
03	<li><a href="index.html">首页</a></li>
04	<li><a href="#">功能手机</a>
05	<ul>
06	<li><a href="" target="_blank">音乐手机</a></li>
07	<li><a href="" target="_blank">商务手机</a></li>
08	</ul>
09	</li>
10	<li><a href="" target="_blank">手机配件</a>
11	<ul>
12	<li><a href="" target="_blank">耳机</a></li>
13	<li><a href="" target="_blank">电池</a></li>
14	</ul>
15	</li>
16	<li><a href="" target="_blank">服务政策</a>　　</li>
17	<li><a href="" target="_blank">关于我们</a>　　</li>
18	<li><a href="" target="_blank">联系我们</a></li>
19	</ul>
20	</div>

网页 0701.html 中实现横向导航菜单的 JavaScript 代码如表 7-4 所示。

表 7-4 网页 0701.html 中实现横向导航菜单的 JavaScript 代码

序号	程序代码
01	<script type=text/javascript>
02	function menuFix() {
03	var sfEls = document.getElementById("nav").getElementsByTagName("li");
04	for (var i=0; i<sfEls.length; i++) {
05	sfEls[i].onmouseover=function() {

续表

序号	程序代码
06	this.className+=(this.className.length>0? " ": "") + "sfhover";
07	}
08	sfEls[i].onmouseout=function() {
09	this.className=this.className.replace(new RegExp("(?|^)sfhover\\b"),"");
10	}
11	}
12	}
13	window.onload=menuFix;
14	</script>

表 7-4 中的代码解释如下。

（1）当网页加载完成时，触发 onLoad 事件，调用自定义函数 menuFix()。

（2）联合使用 getElementById() 和 getElementsByTagName() 方法，获取指定的列表项。

（3）当鼠标指针指向导航菜单对应的菜单项时，触发 onMouseOver 事件，通过 className 属性设置其样式。

（4）当鼠标指针离开导航菜单对应的菜单项时，触发 onMouseOut 事件，通过 className 属性清除其已设置的样式。

【任务 7-2】实现网页中图片连续向上滚动

【任务描述】

创建网页 0702.html，编写 JavaScript 程序，在该网页中实现图片连续向上滚动的效果，其外观效果如图 7-2 所示。

合作媒体

图 7-2　网页 0702.html 中图片连续向上滚动的外观效果

【任务实施】

创建网页 0702.html，该网页中图片连续向上滚动效果对应的 HTML 代码如表 7-5 所示。

表 7-5　网页 0702.html 中图片连续向上滚动效果对应的 HTML 代码

序号	程序代码
01	<div class="links">
02	<div style="float:left;"><h3>合作媒体</h3></div>
03	<div id="scroll_logo2">

续表

序号	程序代码
04	<div id="pic_box">
05	<a href="#"><img src="images/ it168.gif " /></a>
06	<a href="#"><img src="images/ itcom.gif" /></a>
07	<a href="#"><img src="images/163.jpg" /></a>
08	<a href="#"><img src="images/sina.jpg" /></a>
09	<a href="#"><img src="images/taobao.gif" /></a>
10	<a href="#"><img src="images/pchome.gif" /></a>
11	</div>
12	<div id="pic_box_b"></div>
13	</div>
14	</div>

网页 0702.html 中实现图片连续向上滚动效果的 JavaScript 代码如表 7-6 所示。

表 7-6　网页 0702.html 中实现图片连续向上滚动效果的 JavaScript 代码

序号	程序代码
01	<script type="text/javascript">
02	var speed=30;
03	pic_box_b.innerHTML = pic_box.innerHTML;
04	function marquee(){
05	if(pic_box_b.offsetTop − scroll_logo2.scrollTop <= 0) {
06	scroll_logo2.scrollTop −= pic_box.offsetHeight;
07	} else {
08	scroll_logo2.scrollTop++;
09	}
10	}
11	var myMar = setInterval(marquee,speed);
12	scroll_logo2.onmouseover = function() {
13	clearInterval(myMar);
14	}
15	scroll_logo2.onmouseout = function(){
16	myMar = setInterval(marquee,speed)
17	}
18	</script>

表 7-6 中的代码解释如下。

（1）按一定的时间间隔调用函数 marquee()。

（2）函数 marquee()用于不断改变页面元素 scroll_logo2 的 scrollTop 属性值，从而实现图片连续向上滚动的效果。

【任务 7-3】实现下拉窗格的打开与自动隐藏

【任务描述】

创建网页 0703.html，浏览该网页时，其初始状态如图 7-3 所示，单击"切换"超链接时打开下拉窗格，如图 7-4 所示，鼠标指针离开即可自动隐藏该下拉窗格。

当前：**广州**　切换 ▾

图 7-3　网页 0703.html 的初始状态

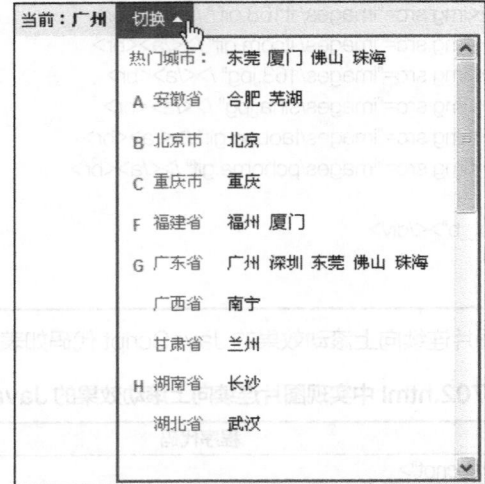

图 7-4　在网页 0703.html 中单击"切换"超链接时打开下拉窗格

【任务实施】

创建网页 0703.html，该网页中主要应用的 CSS 代码如表 7-7 所示。

表 7-7　网页 0703.html 中主要应用的 CSS 代码

序号	程序代码	序号	程序代码
01	.pcPop {	08	position: absolute;
02	display: none;	09	top: 24px;
03	z-index: 100;	10	}
04	background: #fff;	11	
05	left: 0px;	12	.pcPopHover {
06	width: 261px;	13	display: block
07	zoom: 1;	14	}

网页 0703.html 中对应的 HTML 代码以及显示下拉窗格的 JavaScript 代码如表 7-8 所示。单击网页 0703.html 中的"切换"超链接时触发 onClick 事件，通过设置 className 属性显示下拉窗格。

表 7-8　网页 0703.html 中对应的 HTML 代码以及显示下拉窗格的 JavaScript 代码

序号	程序代码
01	\<div class="marketMenu"\>
02	\<div class="curAdress" id="curAdress"\>
03	\<p class="pCur fl"\>当前：\<span class="sAdr"\>\<a href=""\>广州\</a\>\</span\> \</p\>
04	\<div class="pcPopCont"\>\<span class="pcPopCity" id="navbtnOpenCities"
05	onclick="document.getElementById('navcitiesList').className='pcPop pcPopHover'"\>
06	切换\<em class="arrow"\>\</em\>\</span\>
07	\<div class="pcPop" id="navcitiesList"
08	onmouseover="document.getElementById('navcitiesList').className='pcPop pcPopHover'"\>
09	\<div class="box" id="jNavcityiesListBox"\>
10	\<div class="hd" id="navbtnCloseCities"
11	onclick="document.getElementById('navcitiesList').className='pcPop'"\>

续表

序号	程序代码
12	`<i>切换</i><em class="arrow"></em></div>`
13	`<div class="bd" id="navdropContent">`
14	`<ul>`
15	`<li class="liRemen"><i class="iLft">热门城市：</i>`
16	`<i class="iCity"><a href="" target="_blank">东莞</a>`
17	`<a href="" target="_blank">厦门</a>`
18	`<a href="" target="_blank">佛山</a>`
19	`<a href="" target="_blank">珠海</a></i>`
20	`</li>`
21	`<li class="liQG"><i class="iPrv">全　国</i><i class="iCity">`
22	`<a href="" target="_blank">全国</a></i> </li>`
23	`<li><em>A</em><i class="iPrv">安徽省</i>`
24	`<i class="iCity">`
25	`<a href="" target="_blank">合肥</a>`
26	`<a href="" target="_blank">芜湖</a></i>`
27	`</li>`
28	`<li><em>B</em><i class="iPrv">北京市</i>`
29	`<i class="iCity"><a href="" target="_blank">北京</a></i>`
30	`</li>`
31	`<li><em>C</em><i class="iPrv">重庆市</i>`
32	`<i class="iCity"><a href="" target="_blank">重庆</a></i>`
33	`</li>`
34	`......`
35	`</ul>`
36	`</div>`
37	`</div>`
38	`</div>`
39	`</div>`
40	`</div>`
41	`</div>`

此时，下拉窗格处于可见状态。当鼠标指针离开"切换"超链接及下拉窗格区域时，实现下拉窗格隐藏的 JavaScript 代码如表 7-9 所示。下拉窗格处于可见状态时，当鼠标指针离开"切换"超链接及下拉窗格区域时，通过为 onmouseleave 和 mouseout 事件绑定方法、设置 className 属性实现下拉窗格的隐藏。

表 7-9　实现下拉窗格隐藏的 JavaScript 代码

序号	程序代码
01	`<script>`
02	`function isContain(a, b) {`
03	`    try {`
04	`        return a.contains ? a != b && a.contains(b) : !(a.compareDocumentPosition(b) & 16);`
05	`    }catch (e) { }`
06	`}`
07	
08	`function bindMouseLeave(obj, fn) {`
09	`    if (obj.attachEvent) {`
10	`        obj.attachEvent('onmouseleave', function(){`

序号	程序代码
11	fn.call(obj, window.event);
12	});}
13	else {
14	obj.addEventListener('mouseout', function(e) {
15	var rt = e.relatedTarget;
16	if (rt !== obj && !isContain(obj, rt)) {
17	fn.call(obj, e); }
18	}, false);
19	}
20	}
21	
22	(function(){
23	var cityList = document.getElementById('navcitiesList');
24	bindMouseLeave(cityList, function(){
25	cityList.className='pcPop'
26	});
27	})();
28	</script>

【任务 7-4】实现限制图片尺寸与滑动鼠标滚轮调整图片尺寸

【任务描述】

创建网页 0704.html，编写 JavaScript 程序，实现限制网页中图片的尺寸，以及将鼠标指针置于网页中的图片上时，滑动鼠标滚轮调整图片尺寸的效果。

【任务实施】

创建网页 0704.html，编写 JavaScript 程序，实现滑动鼠标滚轮调整图片尺寸的函数 bbimg()的代码如表 7-10 所示。

表 7-10　函数 bbimg()的代码

序号	程序代码
01	<script language="JavaScript" type="text/javascript">
02	<!--
03	function bbimg(obj){
04	var zoom=parseInt(obj.style.zoom, 10) || 100;
05	zoom+=event.wheelDelta/12;
06	if (zoom>0) obj.style.zoom=zoom+'%';
07	return false;
08	}
09	//-->
10	</script>

表 7-10 中的代码解释如下。

（1）04 行声明了变量 zoom，并将逻辑表达式的值赋给该变量。变量 zoom 表示缩放比例。如果函数 parseInt 的返回值是以 10 为基数的整数，则将该整数赋给变量 zoom；如果 obj.style.zoom 中不存在数字，函数 parseInt()的返回值为"NaN"，则将逻辑或运算符||的第二个操作数"100"赋给变量

zoom。

（2）05 行根据鼠标滚轮滚动的程度改变变量 zoom 的值，传递给参数的值为对象 event，其属性
wheelDelta 的值以 120 为基数，一般为 120、240、360 等，也可能为负数，即可以为-120、-240
等。算术表达式"event.wheelDelta / 12"的值可以为 10、20、30 等，也可以为负数，即-10、-20、
-30 等。

（3）06 行为 if 语句，如果缩放比例大于 0，则给缩放比例加上符号"%"，然后赋给 obj.style.zoom，
改变图片的尺寸。

限制网页中图片的尺寸以及滑动鼠标滚轮时调用函数 bbimg() 的代码如表 7-11 所示。

表 7-11　限制网页中图片的尺寸以及滑动鼠标滚轮时调用函数 bbimg() 的代码

序号	程序代码
01	`<p style="line-height: 2" align="center">`
02	`<img onload="javascript:if(this.width>500)this.style.width=420;"`
03	`onmousewheel="return bbimg(this)" src="images/01.jpg"  border="0" />`
04	`</p>`

表 7-11 中的代码解释如下。

（1）代码 "onload="javascript:if(this.width>500)this.style.width=420""" 表示加载网页文档时触
发 onLoad 事件，执行 JavaScript 代码 "if(this.width>500)this.width=420"，即执行 if 语句，当图片
的宽度大于 500 像素时，设置该图片的宽度为 420 像素。

（2）代码 "onmousewheel="return　bbimg(event,this)"" 表示将鼠标指针置于图片上并滚动鼠
标滚轮时触发 onmousewheel 事件，执行 JavaScript 代码 "return　bbimg(this)"，即调用自定义函
数 bbimg()，调整图片尺寸。

请读者扫描二维码，进入本模块在线习题，完成练习并巩固学习成果。

在线评测

模块 8
JavaScript 编程技巧及应用

在网页设计中，可以使用 JavaScript 实现各种网页特效以及具有较强实用性的交互功能。本模块主要介绍常用的 JavaScript 编程技巧，通过几个典型任务介绍 JavaScript 程序的典型应用，加深读者对 JavaScript 相关知识的理解，从而使其掌握制作网页特效的方法。

知识启航

8.1 养成良好的 JavaScript 编程习惯

编写 JavaScript 程序时，尽量养成良好的编程习惯，这样可以提高编程效率，减少程序错误。

（1）尽量少使用全局变量和函数。

全局变量和函数可能会被其他脚本覆盖，建议使用局部变量和函数替代。

（2）始终声明局部变量。

所有在函数中使用的变量都应该被声明为局部变量。局部变量必须通过 var 或 let 关键字来声明，否则它们将变成全局变量。严格模式不允许出现未声明的变量。

（3）把所有变量声明放在每个脚本或函数的顶部。

在脚本或函数顶部声明变量的好处如下：获得更整洁的代码、提供查找局部变量的好位置、更容易避免声明不需要的全局变量、减少不需要的重复声明的可能性。

例如：

```
// 在顶部声明
var price, num amount;
// 稍后使用
price = 21.80 ;
num = 5 ;
amount = price * num ;
```

（4）在声明时进行变量初始化。

在声明时进行变量初始化的好处如下：获得更整洁的代码、在单独的位置初始化变量、避免变量未赋值。在声明时进行变量初始化使读者能够了解变量的预期用途和预期的数据类型。

例如：

```
// 在开头进行变量声明和初始化
var name = "",
    price = 0,
```

```
        myArray = [ ],
        myObject = { };
```

（5）不要声明 Number、String 或 Boolean 对象。

建议始终将 Number、String 或 Boolean 值视作原始值，而非对象。如果把它们声明为对象，则会拖慢代码的执行速度，并产生无法预料的副作用。例如：

```
var x = "张珊";
var y = new String("张珊");
(x === y)     // 结果为 false，因为 x 是字符串，而 y 是对象
```

（6）少使用 new Object()等。

建议使用{ }来代替 new Object()，使用""来代替 new String()，使用 0 来代替 new Number()，使用 false 来代替 new Boolean()，使用[ ]来代替 new Array()，使用/()/来代替 new RegExp()，使用 function(){ }来代替 new Function()。

例如：

```
var x1 = { };           // 新对象
var x2 = "";            // 新的原始字符串
var x3 = 0;             // 新的原始数值
var x4 = false;         // 新的原始布尔值
var x5 = [ ];           // 新的数组对象
var x6 = /()/;          // 新的正则表达式
var x7 = function(){ }; // 新的函数对象
```

（7）编写程序时需要意识到数据类型可能会自动转换。

JavaScript 是一种弱类型语言，变量可以定义为不同的数据类型，并且变量的数据类型可能会自动转换。数值会被意外转换为字符串或 NaN。

```
var x = "Hello";   // typeof x 返回 string
x = 5;             // typeof x 返回 number
```

如果进行数学运算，则 JavaScript 能够将数值转换为字符串，例如：

```
var x = 5 + 7;      // x.valueOf() 返回 2，typeof x 返回 number
var x = 5 + "7";    // x.valueOf() 返回 57，typeof x 返回 string
var x = "5" + 7;    // x.valueOf() 返回 57，typeof x 返回 string
var x = 5 - 7;      // x.valueOf() 返回 -2，typeof x 返回 number
var x = 5 - "7";    // x.valueOf() 返回 -2，typeof x 返回 number
var x = "5" - 7;    // x.valueOf() 返回 -2，typeof x 返回 number
var x = 5 - "x";    // x.valueOf() 返回 NaN，typeof x 返回 number
```

如果使用字符串减去字符串，则不会产生错误而是返回 NaN，例如：

```
"Hello" - "张珊"   // 返回 NaN
```

（8）使用"==="运算符进行比较。

"=="运算符总是在比较之前对操作数进行类型转换，以匹配类型，而"==="运算符会强制对值和类型进行比较，例如：

```
0 == "";         // true
1 == "1";        // true
1 == true;       // true
0 === "";        // false
1 === "1";       // false
1 === true;      // false
```

（9）灵活设置参数的默认值。

如果调用函数时缺少一个参数，那么这个缺少的参数的值会被设置为 undefined，undefined 可能会破坏代码，所以为参数设置默认值是一个好习惯。

例如：

```
function myFunction(x, y) {
    if (y === undefined) {
        y = 0;
    }
}
```

（10）使用 default 来结束 switch 语句。

即使认为没有这个必要，也建议使用 default 来结束 switch 语句。

【示例 8-1】demo0801.html

代码如下：

```
var day=" ";
switch (new Date().getDay()) {
    case 0:
        day = "星期日";
        break;
    case 1:
        day = "星期一";
        break;
    case 2:
        day = "星期二";
        break;
    case 3:
        day = "星期三";
        break;
    case 4:
        day = "星期四";
        break;
    case 5:
        day = "星期五";
        break;
    case 6:
        day = "星期六";
        break;
    default:
        day =  "Unknown";
}
document.write("今天是" + day );
```

8.2 编写 JavaScript 程序时可能存在的误区

用户编写 JavaScript 程序时可能会遇到一些误区，因此，在编写时应尽量注意以下问题。

1. 意外使用赋值运算符

意外使用赋值运算符的情况举例如下。

```
var x = 0;
if (x == 10)
```

这条 if 语句中的条件表达式会返回 false（正如预期），因为 x 不等于 10。

如果在 if 语句中意外使用赋值运算符"="而不是比较运算符"=="，则 JavaScript 程序可能会产生一些无法预料的结果。

例如：

```
var x = 0;
if (x = 10)
```

这条 if 语句中的条件表达式会返回 true（也许不如预期），因为 10 的布尔值为 true。

例如：

```
var x = 0;
if (x = 0)
```

这条 if 语句中的条件表达式会返回 false（也许不如预期），因为 0 的布尔值为 false。

2. 期望松散的比较

在 JavaScript 程序的常规比较中，数据类型的重要性不是很明显。

以下 if 语句中的条件表达式会返回 true。

```
var x = 10;
var y = "10";
if (x == y)
```

在严格模式的比较中，数据类型很重要。

以下 if 语句中的条件表达式会返回 false。

```
var x = 10;
var y = "10";
if (x === y)
```

一个常见的错误是，忘记在 switch 语句中使用的是严格比较。

执行以下 switch 语句会弹出警告框。

```
var x = 10;
switch(x) {
    case 10: alert("Hello");
}
```

执行以下 switch 语句不会弹出警告框。

```
var x = 10;
switch(x) {
    case "10": alert("Hello");
}
```

3. 令人困惑的加法和连接运算符

在 JavaScript 程序中，加法运算用于数值求和，连接运算用于连接字符串，这两种运算均使用"+"运算符。正因如此，将数字作为数值相加与将数字作为字符串相加，将产生不同的结果。

```
var x = 10 + 5;        // x 的结果是 15
var x = 10 + "5";      // x 的结果是"105"
```

4. 令人误解的浮点数

JavaScript 中的数字均保存为 64 位的浮点数。所有编程语言，包括 JavaScript，都存在处理浮点数的问题。例如：

```
var x = 0.1;
var y = 0.2;
var z = x + y          // z 的结果并不是 0.3
```

为了解决上述问题，可使用乘除运算。

```
var z = (x * 10 + y * 10)/10;  // z 的结果将是 0.3
```

5. 对 JavaScript 字符串换行

JavaScript 允许把一条语句换行为两行。例如：

```
var x =
"Hello World!";
```

但是，在字符串中间换行是错误的。例如：

```
var x = "Hello
World!";
```

如果必须在字符串中换行，则必须使用反斜杠。例如：

```
var x = "Hello \
World!";
```

6. 对 return 语句进行换行

在一行的结尾自动关闭语句是 JavaScript 的默认行为。

正因如此，下面两个示例返回相同的结果。

示例 1：

```
function myFunction(a) {
    var power = 10
    return a * power
}
```

示例 2：

```
function myFunction(a) {
    var power = 10 ;
    return a * power ;
}
```

7. 通过命名索引来访问数组

很多编程语言支持带有命名索引的数组，带有命名索引的数组被称为关联数组。

（1）JavaScript 的数组支持使用数字索引。

在 JavaScript 中，数组可以使用数字索引。

 示例编程

📖 【示例 8-2】demo0802.html

代码如下：

```
var person = [];
person[0] = "吉琳";
person[1] = "女";
person[2] = 20;
var len = person.length;       // person.length 将返回 3
var name = person[0];          // person[0] 将返回 "吉琳"
document.write("数组的元素个数为" + len + "<br>");
document.write("数组第 1 个元素的值为" + name );
```

浏览 demo0802.html 网页时，输出结果如下。

数组的元素个数为 3
数组的第 1 个元素的值为吉琳

（2）JavaScript 不支持数组使用命名索引。

在 JavaScript 中，如果数组使用命名索引，那么在访问数组时，JavaScript 会将数组重新定义为标准对象。在自动重新定义之后，数组方法或属性将返回 undefined 或产生不正确的结果。

📖【示例 8-3】demo0803.html
　　代码如下：

```
var person = [];
person["name"] = "吉琳";
person["sex"] = "女";
person["age"] = 20;
var len = person.length;        // person.length 将返回 0
var name = person[0];           // person[0]将返回 undefined
document.write("数组的元素个数为" + len + "<br>");
document.write("数组第 1 个元素的值为" + name );
```

浏览 demo0803.html 网页时，输出结果如下。

数组的元素个数为 0
数组第 1 个元素的值为 undefined

8. 用逗号来结束定义

对象和数组定义中的结尾逗号在 ES5 中是合法的。
对象实例：

person = {name:"吉琳",sex:"女", age:20,}

数组实例：

points = [35, 450, 2, 7, 30, 16,];

但 JSON 不允许使用逗号结尾。
例如：

person = { "name":"吉琳", "sex": "女", "age": 20 }

9. undefined 不是 null

JavaScript 的对象、变量、属性和方法可以是 undefined。另外，空的 JavaScript 对象的值可以为 null，这可能会使判断对象是否为空变得有些困难。
可以通过判断类型是否为 undefined 来判断对象是否存在。
例如：

if (typeof myObj === "undefined")

但是无法直接判断对象是否为 null，因为如果对象类型为 undefined，则将抛出错误。
以下代码不正确：

if (myObj === null)

要解决此问题，必须判断对象是否为 null，且对象类型不是 undefined。
但这仍然可能会引发错误，例如：

if (myObj !== null && typeof myObj !== "undefined")

因此，在判断对象不是 null 之前，必须先判断对象类型是否为 undefined，例如：

if (typeof myObj !== "undefined" && myObj !== null)

169

10. 期望块级范围

很多编程语言不会为每个代码块创建新的作用域，但是 JavaScript 并非如此。

认为以下代码会返回 undefined，是刚入门的 JavaScript 开发者经常犯的错误。

```
for (var i = 0; i < 10; i++) {
    // 代码块
}
return i;
```

8.3 优化 JavaScript 代码与提升程序性能

1. 减少循环中的活动

编写 JavaScript 程序时，经常会用到循环，循环每迭代一次，循环中的每条语句，包括 for 语句，都会被执行一次。

将可以在循环语句代码之前执行的赋值操作或其他语句移至循环语句代码之前，会使循环语句运行得更快。

执行效率较低的代码示例如下。

```
var i;
for (i = 0; i < arr.length; i++) {
}
```

执行以上代码，循环语句每次迭代时，都要访问数组的 length 属性。

执行效率更高的代码示例如下。

```
var i;
var n = arr.length;
for (i = 0; i < n; i++) {
}
```

执行以上代码后，会在执行循环语句代码之前访问 length 属性，使循环语句运行得更快。

2. 避免定义不必要的变量

不要创建不打算存储值的新变量。

在以下代码中，fullName 变量可以不定义。

```
var fullName = firstName + " " + lastName;
document.getElementById("demo").innerHTML = fullName;
```

直接使用以下代码即可。

```
document.getElementById("demo").innerHTML = firstName + " " + lastName
```

3. 避免使用 with 关键字

避免使用 with 关键字，它对代码的执行速度有负面影响，可能会混淆 JavaScript 作用域。严格模式中不允许使用 with 关键字。

4. 减少 DOM 访问次数

与其他 JavaScript 访问相比，DOM 访问较缓慢。假如期望使用某个 DOM 元素若干次，那么只需访问一次，并把它作为本地变量来使用。

例如：

```
var obj;
obj = document.getElementById("demo");
obj.innerHTML = "Hello";
```

5. 尽量缩减 DOM 规模

尽量保持 DOM 中的元素数量较小，这么做可以提高页面加载速度，并加快渲染（页面显示），尤其是在较小型的设备上效果更明显。

6. 延迟 JavaScript 加载

通常 HTTP 规范要求浏览器不应该并行下载超过两种要素。通常把 JavaScript 放在页面底部，使浏览器先加载页面，并在下载脚本时，浏览器不会启动任何其他内容的下载。

可以选择在<script>标签中使用 defer="true"。defer 属性用于规定脚本应该在页面完成解析后执行，但它只适用于加载外部脚本文件。

如果可能，可以在页面完成加载后，通过代码向页面添加脚本，例如：

```
<script>
window.onload = downScripts;
function downScripts() {
    var element = document.createElement("script");
    element.src = "myScript.js";
    document.body.appendChild(element);
}
</script>
```

8.4 JavaScript 的异常处理

在 JavaScript 中，异常（Exception）是指程序在执行过程中遇到的错误或异常情况，当 JavaScript 引擎执行 JavaScript 代码时，可能会出现以下异常。

（1）因开发者的编码错误或错别字导致的语法异常。

（2）浏览器不支持某些 JavaScript 功能导致的异常（可能由于浏览器差异引起）。

（3）由于来自服务器的信息或用户的错误输入而导致的异常。

（4）由于许多其他不可预知的原因导致的异常。

JavaScript 提供了以下异常处理语句。

1. try…catch…语句

当错误发生或事件出现问题时，JavaScript 将抛出异常。JavaScript 使用 try…catch…语句处理这些异常，try 语句和 catch 语句总是成对出现的。

其语法格式如下。

```
try
  {
    //供测试的代码块
  }
catch(err)
  {
    //这里为处理错误的代码块
  }
```

try 语句用于测试代码块的错误，允许用户定义在执行时进行错误测试的代码块。

catch 语句用于处理错误，允许定义当执行 try 代码块中的代码并发生错误时所执行的代码块。

在下面的示例代码中，故意在 try 代码块的代码中将"alert"写为"Alert"，即首字母写成大写形式的"A"。catch 代码块会捕捉 try 代码块中的错误，并执行代码来处理它。

【示例 8-4】demo0804.html

代码如下：

```
var txt="";
try
    {
        Alert("欢迎您!");
    }
catch(err)
    {
        txt="本页有一个错误。\n";
        txt+="错误描述: " + err.message ;
        alert(txt);
    }
```

浏览网页 demo0804.html 时，会弹出如图 8-1 所示的错误提示信息警告框。

此网页显示

本页有一个错误。
错误描述: Alert is not defined

确定

图 8-1 错误提示信息警告框

2. throw 语句

throw 语句允许用户自行定义错误或抛出异常消息。

如果 throw 与 try…catch…一起使用，则能够控制程序流，并生成自定义的异常消息。

其语法格式如下。

```
throw exception
```

异常可以是 JavaScript 字符串、数字、布尔值或对象。

【示例 8-5】demo0805.html

代码如下：

```
function myFunction()
{
try
    {
        var x=document.getElementById("demo").value;
        if(x=="") throw "值为空";
        if(isNaN(x)) throw "不是数字";
    }
    catch(err)
    {
        var y=document.getElementById("mess");
        y.innerHTML="错误: " + err + "。";
    }
}
</script>
<input id="demo" type="text">
<input type="button"   onclick="myFunction()" value="测试输入值">
<p id="mess"></p>
```

以上示例代码用于测试输入的值。如果值是错误的，则会抛出一个异常。catch 会捕捉到这个异常，并显示一段自定义的异常消息。

执行以上示例代码，如果调用 getElementByld()函数出错，则也会抛出一个异常。
网页 demo0805.html 的初始状态如图 8-2 所示。

图 8-2　网页 demo0805.html 的初始状态

如果文本框中没有输入字符或数值，直接单击"测试输入值"按钮，则会显示"错误：值为空。"的
提示信息；如果在文本框中输入字母"a"，单击"测试输入值"按钮，则会显示"错误：不是数字。"
的提示信息；如果在文本框中输入数字"23"，单击"测试输入值"按钮，则不会显示提示信息。

3. finally 语句

finally 语句用于存放 try…catch…之后执行的代码，且这些代码无论如何都会执行。
其语法格式如下。

```
try {
    // 供测试的代码块
}
 catch(err) {
    // 处理错误的代码块
}
finally {
    // 无论如何都会执行的代码块
}
```

4. error 对象

JavaScript 拥有当错误发生时提供错误信息的内置 error 对象。

error 对象可提供两个有用的属性：name 和 message。其中，name 属性用于设置或返回错误名，
message 属性用于以字符串形式设置或返回错误消息。

8.5　JavaScript 代码的调试

在没有调试器的情况下编写 JavaScript 代码是有一定难度的，因为 JavaScript 代码中可能会包含
语法错误或者逻辑错误，如果没有调试器，则这些错误都难以诊断。通常，如果 JavaScript 代码包含
错误，则执行代码时不会显示错误消息，也不会有任何可供查找错误的指示信息。

1. 使用 JavaScript 调试器

查找 JavaScript 代码中的错误被称为代码调试，调试并不简单。但幸运的是，所有现代浏览器都
有内置的调试器。内置的调试器可打开或关闭、强制将错误报告给用户。通过调试器，开发者可以在代
码中设置断点（代码执行被中断的位置），并在代码执行时检查变量。

通常通过按【F12】键启动浏览器中的调试器，然后在调试器的菜单栏中选择"控制台"选项即可
调试代码。

2. 使用 console.log()方法

如果浏览器支持 JavaScript 代码调试，那么可以使用 console.log()方法在调试器中显示
JavaScript 变量的值、表达式的值、函数返回值、程序运行结果等。

3. 在程序中设置断点

在调试器中，可以在 JavaScript 代码中设置断点，在每个断点位置，JavaScript 代码将停止执行，

以供开发者检查 JavaScript 代码中的值是否正确，在检查并确认值无误后再恢复代码执行。

4. 使用 debugger 关键字

debugger 关键字也会停止 JavaScript 代码的执行，并会调用调试函数（如果有）。这与在调试器中设置断点的功能是一样的。如果调试器不可用，则 debugger 语句没有效果。

例如：

```
var x = 5 * 3;
debugger;
console.log(x);
```

如果调试器已打开，则此代码会在执行到第 3 行之前停止执行。

8.6 变量的解构赋值

1. 数组解构赋值

数组解构赋值就是把数组元素的值按照顺序依次赋值给变量。

通常情况下，在为一组变量赋值时，一般是这样写的：

```
let x = 10;
let y = 20;
let z = 30;
```

现在可以进行数组解构赋值，代码如下：

```
let [x, y, z] = [10, 20, 30];
```

二者的效果是一样的。

数组解构赋值成功后，x 的值为 10，y 的值为 20，z 的值为 30。

2. 对象解构赋值

例如：

```
let {x, y} = {x:10, y:20};
```

对象解构赋值成功后，x 的值为 10，y 的值为 20。

通过上述代码可以看出，对象解构赋值与数组解构赋值有一个重要的区别：数组的元素是按顺序排列的，变量的取值由它的位置决定；而对象的属性没有顺序，变量是根据键来取值的。

3. 字符串解构赋值

字符串也可以解构赋值，因为字符串可以转换为类似数组的对象。例如：

```
const [a, b, c, d] = 'good';
```

4. 解构赋值的要求

解构赋值的要求如下。

（1）等号左右两边数据的结构必须一致。

例如：

```
let [a, b, c] = [1, 2, 3];
let {a, b, c} = {a: 1, b: 2, c:3};
let [{a, b}, c] = [ {a: 1, b: 2}, 3];
```

以上任何一种解构赋值方式都可以成功赋值，执行语句 console.log(a, b, c);的结果为 1 2 3。

（2）等号右边数据的数据类型必须是有效的。

执行以下解构赋值会报错，因为右边的{1, 2}的数据类型不是 JavaScript 数据类型中的任何一种。

```
let {a, b} = {1,   2};
```

（3）声明和赋值不能分开。

以下解构赋值方式会报错。

```
let [a, b];
[a, b] = [1, 2];
```

5. 解构赋值的默认值

在解构赋值时，是允许使用默认值的。例如：

```
{
    //当只有一个变量时
    let [x = true] = [ ];
    console.log(x); //输出结果为 true
}
{
    //当有两个变量时
    let [x, y] = ['Hello']        //将 x 赋值为"Hello"，y 没有赋值
    console.log(x + ',' + y);     //输出结果为"Hello,undefined"
}
{
    //当有两个变量时
    let [x, y = 'vue'] = ['Hello']    //将 x 赋值为"Hello"，y 采用默认值"vue"
    console.log(x + ',' + y);         //输出结果为"Hello,vue"
}
```

6. 将变量解构赋值为 undefined 和 null 的区别

如果在对变量解构赋值时，将其分别赋值为 undefined 和 null，则会有什么区别呢？
例如：

```
{
    //y 虽然被赋值为 undefined，但是 y 会采用默认值
    let [x, y = 'vue'] = ['Hello', undefined];
    console.log(x + ',' + y); //输出结果为"Hello,vue"
}
{
    let [x, y = 'vue'] = ['Hello', null];    //y 被赋值为 null
    console.log(x + ',' + y); //输出结果为"Hello,null"
}
```

上述代码分析如下。

undefined：相当于什么都没有，此时 y 采用默认值。

null：相当于有值，但值为 null。

8.7　JSON 及其使用方法

1. 什么是 JSON?

JSON（JavaScript Object Notation，JavaScript 对象表示法）是用于存储和传输文本信息的数据格式，类似于 XML。JSON 文件比 XML 文件更小，传输速度更快，更易于解析。道格拉斯·克罗克福德（Douglas Crockford）发明了 JSON 数据格式来存储数据，可以使用原生的 JavaScript 方法

来存储复杂的数据而不需要进行任何额外的转换。

JSON 是轻量级的数据交换格式，独立于语言，其数据是"自描述的"，且易于理解。通过使用 JSON，可以减少中间变量，使代码的结构更加清晰，也更加直观。

JSON 格式的数据是纯文本，可以使用任何编程语言编写读取和生成 JSON 数据的代码。从本质上讲，JSON 是用于描述复杂数据的最轻量级的方式之一，通常用于从服务器向网页传递数据。

2. JSON 语法规则

JSON 的语法与创建 JavaScript 对象的语法相似。由于这种相似性，JavaScript 程序可以很容易地将 JSON 数据转换为本地的 JavaScript 对象。

（1）使用"{"和"}"表示一个对象。

（2）使用键值对的格式来表示数据。

（3）使用方括号"[]"表示数组。

（4）多个属性用半角逗号","分隔，最后一个属性后面不加逗号。

3. JSON 数据

JSON 数据的格式为键值对，类似于 JavaScript 对象属性，一个名称对应一个值。

键值对的表示方式如下。

"键名":"值"

键名和值之间使用半角冒号":"分隔。

键名必须是字符串，并且由双引号标识，而值可以是以下数据之一。

① 字符串：在 JSON 中，字符串必须由双引号标识，如{ "siteName":"京东商城" }。

② 数字：JSON 中的数字必须是整数或浮点数，如{ "price": 58.8 }。

③ JSON 对象：JSON 对象是符合 JSON 规范的对象，由键值对组成。JSON 中的值可以是对象，JSON 中作为值的对象必须符合 JSON 对象规范。例如：

```
{ "site": {"siteName":"京东商城", "url":"https://www.jd.com/"}
 }
```

④ 数组：JSON 中的值可以是数组。例如：

```
{ "sites": ["京东商城", "苏宁易购", "国美电器" ]
 }
```

⑤ 布尔值：JSON 中的值可以是 true 或 false，如{ "sale": true }。

⑥ null：JSON 中的值可以是 null。

JSON 中的值不可以是以下数据之一：函数、日期、undefined。

4. JSON 数组

JSON 数组保存在方括号"[]"内，数组可以包含对象，最后一个对象后面不需要加逗号。

在以下 JSON 数组的定义代码中，对象 sites 是一个数组，其中包含 3 个对象，每个对象都为网站的信息，由网站名和网站地址两部分组成。

```
{ "sites":[
    {"siteName":"京东商城", "url":"https://www.jd.com/"},
    {"siteName":"苏宁易购", "url":"http://www.suning.cn/"},
    {"siteName":"国美电器", "url":"https://www.gome.com.cn/"}
]}
```

5. JSON 字符串和 JavaScript 对象格式相互转换

用于实现 JSON 字符串和 JavaScript 对象格式相互转换的函数如下。

（1）JSON.parse()。

该函数用于将一个 JSON 字符串转换为 JavaScript 对象，它需要一个 JSON 字符串作为参数，会将该字符串转换为 JavaScript 对象并返回。

📖【示例 8-6】demo0806.html

　　以下示例代码用于从服务器中读取 JSON 数据，并在网页中显示第 2 条数据，也就是 sites[1]的数据。

```
<p id="demo"></p>
<script>
/**创建 JavaScript 字符串，字符串内容为 JSON 格式的数据**/
var siteInfo ='{ "sites":['+
    '{"siteName":"京东商城","url":"https://www.jd.com/"}, '+
    '{"siteName":"苏宁易购","url":"http://www.suning.cn/"},'+
    '{"siteName":"国美电器","url":"https://www.gome.com.cn/"}] }';
 /**使用 JavaScript 内置函数 JSON.parse()将字符串转换为 JavaScript 对象**/
obj = JSON.parse(siteInfo);
/**页面中使用 JavaScript 对象从服务器中读取 JSON 数据，并显示数据**/
document.getElementById("demo").innerHTML = obj.sites[1].siteName + " " +
                                    obj.sites[1].url;

</script>
```

浏览网页的结果如下。

苏宁易购 http://www.suning.cn/

（2）JSON.stringify()。

该函数用于将 JavaScript 对象转换为 JSON 字符串，它需要一个 JavaScript 对象作为参数，会返回一个 JSON 字符串。

例如：

```
var obj ={siteName:"京东商城", url:"https://www.jd.com/" } ;
var strJson=JSON.stringify(obj) ;
console.log(strJson) ;
```

执行以上代码，控制台中的输出结果如下。

{"siteName":"京东商城","url":"https://www.jd.com/"}

6. JSON 与 JavaScript 对象的关系

可以这样简单理解：JSON 是 JavaScript 对象的字符串表示法，它使用文本表示一个 JavaScript 对象的信息，JSON 数据本质是字符串。

```
// 这是一个 JavaScript 对象，注意 JavaScript 对象的键名的引号可加可不加，但最好加上
var obj = {'a': 'Hello', 'b': 'World'};
// 这是一个 JSON 数据，本质是一个字符串
var json = '{"a": "Hello", "b": "World"}';
```

JSON.parse()用于将字符串转换为 JavaScript 对象，JSON.stringify()用于将 JavaScript 对象转换为字符串，前提是 JavaScript 对象符合 JSON 格式。

例如：

```
var obj = JSON.parse('{"a": "Hello", "b": "World"}');
// 结果是 {a: 'Hello', b: 'World'}，是一个 JavaScript 对象
var json = JSON.stringify({a: 'Hello', b: 'World'});
// 结果是 '{"a": "Hello", "b": "World"}'，是一个 JSON 格式的字符串
```

8.8 正确使用 cookie

1. cookie 是什么

cookie 是存储在用户计算机的小文本文件中的数据。当 Web 服务器向浏览器发送网页后，连接被关闭，服务器便会"忘记用户的一切"。

cookie 是为了解决"如何记住用户信息"而发明的。当用户访问网页时，用户名可以存储在 cookie 中，下次用户访问该页面时，浏览器即可通过 cookie"回忆起"曾经访问过的用户名。

cookie 保存在"名称=值"中，如 username = LiYi。

浏览器向服务器请求一个网页时，会将属于该页的 cookie 添加到该请求中。这样服务器就能获得必要的数据来"回忆起"用户的信息。

cookie 存储于用户计算机中，用来识别用户。当访问者浏览页面时，其用户名、密码或当前的日期会存储在 cookie 中，当再次访问该页面时，用户名、密码或日期可以从 cookie 中取回，从而可以在页面中显示欢迎信息或实现自动登录功能。

可以使用 JavaScript 来创建 cookie 和取回 cookie 的值。默认情况下，浏览器在关闭时会删除 cookie。

在 JavaScript 中可以使用 document.cookie 属性创建、读取、改变和删除 cookie。

2. 通过 JavaScript 创建 cookie

通过 JavaScript 创建 cookie 的语法格式如下。

document.cookie = "username=LiYi";

还可以添加有效日期（UTC），例如：

document.cookie = "username= LiYi ; expires= Sun 16 Oct 2022 09:18:00 UTC";

通过 path，可以告诉浏览器 cookie 属于什么页面。默认情况下，cookie 属于当前页面。例如：

document.cookie = "username= LiYi ; expires= Sun 16 Oct 2022 09:18:00 UTC; path=/";

3. 通过 JavaScript 读取 cookie

通过 JavaScript 读取 cookie 的语法格式如下。

var x = document.cookie ;

document.cookie 会在一个字符串中返回所有 cookie，例如：

cookie1=value; cookie2=value; cookie3=value;

4. 通过 JavaScript 改变 cookie

通过 JavaScript，可以像创建 cookie 一样改变它，例如：

document.cookie = "username=ChenYi; expires= Sun 16 Oct 2022 09:18:00 UTC; path=/";

执行该语句后，旧的 cookie 会被覆盖。

5. 通过 JavaScript 删除 cookie

删除 cookie 非常简单，删除 cookie 时不必指定 cookie 值，直接把 expires 的值设置为过去的日期即可，例如：

document.cookie = "username=; expires=Thu, 01 Jan 1970 00:00:00 UTC; path=/;";

此时，应该指定 cookie 路径以确保删除正确的 cookie，如果不指定路径，则有些浏览器会不允许删除 cookie。

6. cookie 字符串

document.cookie 属性看起来像一个正常的文本字符串，但其实它不是文本字符串。即使为 document.cookie 赋一个完整的 cookie 字符串，读取时，也只能看到它的"名称=值"。

如果为 document.cookie 设置新的 cookie，则旧的 cookie 不会被覆盖，新的 cookie 会被添加到 document.cookie 中，所以如果读取 document.cookie，则得到的会是类似以下形式的"名称=值"。

cookie1 = value; cookie2 = value;

如果想找到一个指定 cookie 的值，则必须编写 JavaScript 代码来搜索 cookie 字符串中的 cookie 值。

7. cookie 的应用示例

创建一个存储用户名的 cookie，当用户首次访问页面时，其会被要求在文本框中输入用户名，然后该用户名会存储于 cookie 中。当用户再次访问同一页面时，页面会根据 cookie 中的信息显示欢迎信息。

示例编程

📖【示例 8-7】demo0807.html

在网页 demo0807.html 中创建以下 3 个函数。

① 用于设置 cookie 值的函数 setCookie()。

② 用于获取指定 cookie 的值的函数 getCookie()。

③ 用于检查 cookie 是否设置了函数 checkCookie()。

（1）创建函数 setCookie()，将访问网站的用户的用户名存储在 document .cookie 中。

函数 setCookie() 的代码如下。

```javascript
function setCookie(cname, cvalue, exdays) {
    var d = new Date();
    d.setTime(d.getTime() + (exdays*24*60*60*1000));
    var expires = "expires="+ d.toUTCString();
    document.cookie = cname + "=" + cvalue + ";" + expires + ";path=/";
}
```

函数 setCookie() 的参数是 cookie 名（cname）、cookie 值（cvalue），以及 cookie 将要过期的天数（exdays）。

通过把 cookie 名、cookie 值和 cookie 将要过期的天数以字符串形式拼接起来，该函数就设置了 cookie。

（2）需要创建函数 getCookie()，该函数用来返回指定 cookie 的值。

函数 getCookie() 的代码如下。

```javascript
function getCookie(cname) {
    var name = cname + "=";
    var decodedCookie = decodeURIComponent(document.cookie);
    var ca = decodedCookie.split(';');
    for(var i = 0; i <ca.length; i++) {
        var c = ca[i];
        while (c.charAt(0) == ' ') {
            c = c.substring(1);
        }
        if (c.indexOf(name) == 0) {
            return c.substring(name.length, c.length);
        }
    }
    return "";
}
```

函数 getCookie() 的代码解释如下。

① 把 cookie 名作为参数 cname。

② 创建变量 name 存储要搜索的文本。

③ 解码 cookie 字符串，处理带有特殊字符（如 "$"）的 cookie。

④ 使用分号把 document.cookie 拆分到名为 ca 的数组中。

⑤ 遍历 ca 数组，并读出每个值。

⑥ 如果找到指定 cookie，则返回该 cookie 的值；如果未找到指定 cookie，则返回""。

（3）创建用于检查 cookie 是否设置的函数 checkCookie()。

```javascript
function checkCookie() {
  var user=getCookie("username");
  if (user != "") {
    alert("再次欢迎您，" + user);
  } else {
    user = prompt("请输入用户名：","");
    if (user != "" && user != null) {
      setCookie("username", user, 30);
    }
  }
}
```

函数 checkCookie()的代码解释如下。

如果 cookie 已设置，则显示欢迎信息；否则弹出警告框来要求用户输入用户名，并通过调用 setCookie()函数将用户名存储在 cookie 中 30 天。

（4）当页面加载时，触发 onLoad 事件，调用函数 checkCookie()，对应的代码如下。

```html
<body onLoad="checkCookie()"></body>
```

在 cookie 的名称或值中不能使用分号 ";"、逗号 ","、等号 "=" 以及空格，这在 cookie 的名称中很容易做到，但在保存的值中能否做到却是不确定的。其解决方法是使用 escape()函数进行编码，它能将一些特殊符号使用十六进制表示，如空格将会编码为 "20%"，从而可以存储于 cookie 中，且使用这种方法可以避免中文乱码的出现。使用 escape()函数编码后，需要使用 unescape()函数进行解码才能得到原来的 cookie 值。

实战演练

【任务 8-1】应用 HTML 元素的样式属性实现横向导航菜单

【任务描述】

创建网页 0801.html，编写 JavaScript 程序，应用 HTML 元素的样式属性实现横向导航菜单，该网页中的横向导航菜单如图 8-3 所示。

图 8-3　网页 0801.html 中的横向导航菜单

【任务实施】

创建网页 0801.html，该网页中的横向导航菜单对应的 HTML 代码如表 8-1 所示。

表 8-1　网页 0801.html 中的横向导航菜单对应的 HTML 代码

序号	程序代码
01	`<div id="con">`
02	`  <div id="title">`
03	`    <div class="nav">`
04	`      <ul id="droplist_ul">`
05	`        <li id="n0"><em></em></li>`
06	`        <li><em><a href="">首页</a></em></li>`
07	`        <li onmouseover="menu_drop('n1','block');" onmouseout="menu_drop('n1','none');">`
08	`          <em><a href="">县城介绍</a></em>`
09	`          <ul id="n1">`
10	`            <li><a href="">走进新化</a></li>`
11	`            <li><a href="">风土人情</a></li>`
12	`          </ul>`
13	`        </li>`
14	`        <li onmouseover="menu_drop('n2','block');" onmouseout="menu_drop('n2','none');">`
15	`          <em><a href="">景点介绍</a></em>`
16	`          <ul id="n2">`
17	`            <li><a href="">大熊山</a></li>`
18	`            <li><a href="">天龙山</a></li>`
19	`            <li><a href="">北塔</a></li>`
20	`            <li><a href="">文昌阁</a></li>`
21	`          </ul>`
22	`        </li>`
23	`        <li><em><a href="">风景美图</a></em></li>`
24	`      </ul>`
25	`    </div>`
26	`    <div class="clear"></div>`
27	`  </div>`
28	`</div>`

网页 0801.html 中实现横向导航菜单的 JavaScript 代码如表 8-2 所示。

表 8-2　网页 0801.html 中实现横向导航菜单的 JavaScript 代码

序号	程序代码
01	`<script type="text/javascript">`
02	`  function menu_drop(menuId, displayWay)`
03	`  {`
04	`      document.getElementById(menuId).style.display=displayWay;`
05	`  }`
06	`</script>`

【任务 8-2】实现获取表单控件的设置值

【任务描述】

创建网页 0802.html，编写 JavaScript 程序，实现获取表单控件的设置值，该网页中表单及表单控件的外观效果如图 8-4 所示。在上方的"手机价格搜索"区域中直接单击已有的价格区间，或者在其文本框中输入价格区间数据，然后单击"立即搜索"按钮即可进行价格搜索。在下方的"手机外观和功能搜索"区域中，选中"外观"对应的单选按钮和勾选"功能"对应的复选框，然后单击"立即搜索"按钮即可进行外观和功能搜索。

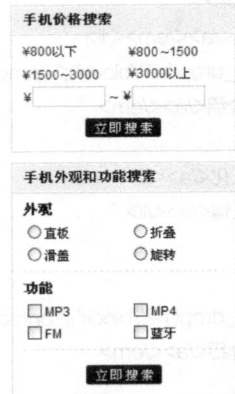

图 8-4　网页 0802.html 中表单及表单控件的外观效果

【任务实施】

创建网页 0802.html，该网页中表单及表单控件对应的 HTML 代码如表 8-3 所示。

表 8-3　网页 0802.html 中表单及表单控件对应的 HTML 代码

序号	程序代码
01	<div class="fullCell">
02	<div class="lft">
03	<div class="pSearch mt_10px">
04	<div class="tit">
05	<h3>手机价格搜索</h3>
06	</div>
07	<div class="con">
08	<ul>
09	<li class="l"><a href="javascript:goPSch(0,800);">&yen;800 以下</a></li>
10	<li class="r"><a href="javascript:goPSch(800,1500);">&yen;800～1500</a></li>
11	</ul>
12	<ul>
13	<li class="l"><a href="javascript:goPSch(1500,3000);">&yen;1500～3000</a></li>
14	<li class="r"><a href="javascript:goPSch(3000,0);">&yen;3000 以上</a></li>
15	</ul>
16	<dl>
17	<dt>&yen;</dt>
18	<dd>
19	<input type="text" class="sInput" value="" id="beginPrice" name="beginPrice" />

续表

序号	程序代码
20	`</dd>`
21	`<dt> ~ &yen;</dt>`
22	`<dd>`
23	`<input type="text" class="sInput" value="" id="endPrice" name="endPrice" />`
24	`</dd>`
25	`</dl>`
26	`<h4>`
27	`<input type="button" value="" class="btn" id="button1" onclick="goPSchB();" />`
28	`</h4>`
29	`</div>`
30	`</div>`
31	
32	`<div class="fSearch mt_10px">`
33	`<div class="tit">`
34	`<h3>手机外观和功能搜索</h3>`
35	`</div>`
36	`<div class="con">`
37	`<h3>外观</h3>`
38	`<ul>`
39	`<li class="l"><input type="radio" name="radPhoneFace" value="ZhiBan" />直板</li>`
40	`<li class="r"><input type="radio" name="radPhoneFace" value="ZheDie" />折叠</li>`
41	`</ul>`
42	`<ul>`
43	`<li class="l"><input type="radio" name="radPhoneFace" value="HuaGai" />滑盖</li>`
44	`<li class="r"><input type="radio" name="radPhoneFace" value="XuanZhuan" />旋转</li>`
45	`</ul>`
46	`<ol><li class="dotline"></li></ol>`
47	`<h3>功能</h3>`
48	`<ul>`
49	`<li class="l"><input type="checkbox" name="chkPhoneFun" value="ifMp3"/>MP3</li>`
50	`<li class="r"><input type="checkbox" name="chkPhoneFun" value="ifMp4"/>MP4</li>`
51	`</ul>`
52	`<ul>`
53	`<li class="l"><input type="checkbox" name="chkPhoneFun" value="ifFM"/>FM</li>`
54	`<li class="r"><input type="checkbox" name="chkPhoneFun" value="Bluetooth"/>蓝牙</li>`
55	`</ul>`
56	`<ol><li class="dotline"></li></ol>`
57	`<h4><input type="button" value="" class="btn" id="btn" onclick="goFSch();" /></h4>`
58	`</div>`
59	`</div>`
60	`</div>`
61	`</div>`
62	
63	`<form id="hidForm" name="hidForm" action="" method="get">`
64	`<input id="phoneFace" name="phoneFace" type="hidden" value="" />`
65	`<input id="phoneFun" name="phoneFun" type="hidden" value="" />`
66	`<input id="priceRange" name="priceRange" type="hidden" value="" />`
67	`</form>`

　　验证数据以及获取单选按钮和复选框设置值的 JavaScript 代码如表 8-4 所示。自定义函数 isNumeric()用于判断数据是否为数字，自定义函数 isEmpty()用于判断数据是否为空。自定义函数 getRadValue()用于获取单选按钮的值，同样通过单选按钮的 checked 属性判断该单选按钮是否被选中，通过单选按钮的 value 属性获取被选中单选按钮的值。由于单选按钮只能单选，该函数的返回值为 1 个单选按钮的值。自定义函数 getChkBoxValue( )用于获取复选框的值，通过复选框的 checked 属性判断该复选框是否被勾选，通过复选框的 value 属性获取被勾选复选框的值。由于复选框可以多选，该函数的返回值为多个复选框值的连接字符串。

表 8-4　验证数据以及获取单选按钮和复选框设置值的 JavaScript 代码

序号	程序代码
01	`<script type="text/javascript" >`
02	`function id(name){return document.getElementById(name);};`
03	`function tag(name,elem){`
04	`    return (elem||document).getElementsByName(name);}`
05	
06	`function isNumeric(fData){`
07	`    if (isEmpty(fData))`
08	`        return true`
09	`    if (isNaN(fData))`
10	`        return false`
11	`    return true`
12	`}`
13	
14	`function isEmpty(fData){`
15	`    return ((fData==null) || (fData.length==0))`
16	`}`
17	
18	`// 获取单选按钮的值`
19	`function getRadValue(strRadName){`
20	`    var objRad = tag(strRadName);`
21	`    var strReturn = "";`
22	`    for (var i=0;i<objRad.length;i++){`
23	`        if (objRad[i].checked==true){`
24	`            strReturn = objRad[i].value;`
25	`            break;`
26	`        };`
27	`    };`
28	`    return strReturn;`
29	`};`
30	`//获取复选框的值`
31	`function getChkBoxValue(strRadName){`
32	`    var objChkBox = tag(strRadName);`
33	`    var strReturn = "";`
34	`    for (var i=0;i<objChkBox.length;i++){`
35	`        if (objChkBox[i].checked==true){`
36	`            if (strReturn!="") strReturn += ",";`

续表

序号	程序代码
37	strReturn += objChkBox[i].value;
38	};
39	};
40	return strReturn;
41	};

　　获取价格区间数据并提交搜索表单的 JavaScript 代码如表 8-5 所示。自定义函数 goFSch()用于将"功能"对应的复选框的值和"外观"对应的单选按钮的值分别赋给隐藏的功能文本框和外观文本框，然后提交搜索表单。自定义函数 goPSch( )和 goPSchB( )用于获取设置价格区间的字符串，并将该字符串赋给隐藏的价格文本框，然后提交搜索表单。

表 8-5　获取价格区间数据并提交搜索表单的 JavaScript 代码

序号	程序代码
01	//提交搜索表单
02	function goFSch(){
03	id("phoneFace").value = getRadValue("radPhoneFace");
04	id("phoneFun").value = getChkBoxValue("chkPhoneFun");
05	id("hidForm").submit();
06	};
07	
08	function goPSch(strBeginPrice,strEndPrice){
09	var strPriceRange = "";
10	if (isNumeric(strBeginPrice) && isNumeric(strEndPrice)){
11	strPriceRange = strBeginPrice + "->" + strEndPrice;
12	} else if (isNumeric(strBeginPrice)){
13	strPriceRange = strBeginPrice + "->0";
14	} else if (isNumeric(strEndPrice)){
15	strPriceRange = "0->" + strEndPrice;
16	};
17	//--
18	id("priceRange").value = strPriceRange;
19	id("hidForm").submit();
20	};
21	
22	function goPSchB(){
23	//--
24	var strPriceRange = "";
25	var strBeginPrice = id("beginPrice").value;
26	var strEndPrice = id("endPrice").value;
27	//--
28	if (!isNumeric(strBeginPrice)){
29	alert("价格区间只能输入数字！ ");
30	id("beginPrice").focus();
31	return false;
32	};
33	if (!isNumeric(strEndPrice)){

序号	程序代码
34	alert("价格区间只能输入数字！");
35	id("endPrice").focus();
36	return false;
37	};
38	//---
39	if (strBeginPrice!="" && strEndPrice!=""){
40	strPriceRange = strBeginPrice + "->" + strEndPrice;
41	} else if (strBeginPrice!=""){
42	strPriceRange = strBeginPrice + "->0";
43	} else if (strEndPrice!=""){
44	strPriceRange = "0->" + strEndPrice;
45	} else {
46	return false;
47	}
48	//---
49	id("priceRange").value = strPriceRange;
50	id("hidForm").submit();
51	};
52	</script>

【任务 8-3】实现具有滤镜效果的横向焦点图片轮换

【任务描述】

创建网页 0803.html，编写 JavaScript 程序，实现在网页中像切换幻灯片一样自动切换图片，可以有效地利用网页空间并吸引浏览者的注意。在网页 0803.html 中实现具有滤镜效果的横向焦点图片轮换，其外观效果如图 8-5 所示。

图 8-5　具有滤镜效果的横向焦点图片轮换的外观效果

【任务实施】

创建网页 0803.html，该网页中实现具有滤镜效果的横向焦点图片轮换效果的 HTML 代码如表 8-6
所示。

表 8-6　网页 0803.html 中实现具有滤镜效果的横向焦点图片轮换效果的 HTML 代码

序号	程序代码
01	`<div id="focus">`
02	`  <div id="au">`
03	`    <div style="display: block; "><a href="" target="_blank">`
04	`      <img height="340" src="images/001.jpg" width="325" /></a>`
05	`    </div>`
06	`    <div style="display: none; "><a href="" target="_blank">`
07	`      <img height="340" src="images/002.jpg" width="325" /></a>`
08	`    </div>`
09	`    <div style="display: none; "><a href="" target="_blank">`
10	`      <img height="340" src="images/003.jpg" width="325" /></a>`
11	`    </div>`
12	`    <div style="display: none; "><a href="" target="_blank">`
13	`      <img height="340" src="images/004.jpg" width="325" /></a>`
14	`    </div>`
15	`  </div>`
16	`  <div id="no"></div>`
17	`  <div class="lunbo">`
18	`    <table cellspacing="0" cellpadding="0" align="right" border="0">`
19	`      <tbody>`
20	`      <tr>`
21	`        <td class="active" id="t0" onmouseover="mea(0);clearAuto();"`
22	`          onmouseout="setAuto();">1</td>`
23	`        <td width="6"></td>`
24	`        <td class="bg" id="t1" onmouseover="mea(1);clearAuto();"`
25	`          onmouseout="setAuto();">2</td>`
26	`        <td width="6"></td>`
27	`        <td class="bg" id="t2" onmouseover="mea(2);clearAuto();"`
28	`          onmouseout="setAuto();">3</td>`
29	`        <td width="6"></td>`
30	`        <td class="bg" id="t3" onmouseover="mea(3);clearAuto(); "`
31	`          onmouseout="setAuto();">4</td>`
32	`      </tr>`
33	`      </tbody>`
34	`    </table>`
35	`  </div>`
36	`  <div id="conau">`
37	`    <div style="display: block; "><a href="" target="_blank">麦粒</a></div>`
38	`    <div style="display: none; "><a href="" target="_blank">静湖</a></div>`
39	`    <div style="display: none; "><a href="" target="_blank">躺椅</a></div>`
40	`    <div style="display: none; "><a href="" target="_blank">露珠</a></div>`
41	`  </div>`
42	`</div>`

网页 0803.html 中主要应用的 CSS 代码如表 8-7 所示。

表 8-7　网页 0803.html 中主要应用的 CSS 代码

序号	程序代码	序号	程序代码
01	#au {	34	.lunbo {
02	filter: progid:DXImagetransform.Microsoft	35	right: 8px; position: absolute;
03	.Fade (duration=0.5,overlap=1.0);	36	top: 307px; height: 21px
04	width: 325px;	37	}
05	height: 340px;	38	.lunbo .bg {
06	}	39	padding-right: 0px;
07		40	padding-left: 0px;
08	#no {	41	padding-bottom: 0px;
09	border-top: #725f4a 1px solid;	42	width: 18px;
10	margin-top: 0px;	43	line-height: 17px;
11	background: #000;	44	padding-top: 4px;
12	line-height: 24px;	45	height: 17px;
13	text-align: center;	46	text-align: center;
14	left: 0px;	47	background: url(images/tu1.gif);
15	top: 273px;	48	}
16	width: 325px;	49	
17	height: 66px;	50	.lunbo .active {
18	position: absolute;	51	background-image: url(images/tu1.gif);
19	filter: alpha(opacity=70);	52	width: 18px;
20	moz-opacity: 0.7;	53	line-height: 17px;
21	}	54	height: 17px;
22		55	text-align: center;
23	#conau {	56	padding: 4px 0px 0px;
24	margin-top: 0px;	57	}
25	font-weight: bold;	58	
26	font-size: 14px;	59	.lunbo .bg {
27	text-align: left;	60	background-position: -639px -74px;
28	color: #fff;	61	color: #030100
29	left: 14px;	62	}
30	top: 283px;	63	.lunbo .active {
31	width: 298px;	64	background-position: -616px -74px;
32	position: absolute;	65	color: #a8471c
33	}	66	}

实现具有滤镜效果的横向焦点图片轮换的 JavaScript 代码如表 8-8 所示。

表 8-8　实现具有滤镜效果的横向焦点图片轮换的 JavaScript 代码

序号	程序代码
01	var n=0;
02	setAuto();
03	function setAuto(){ autoStart=setInterval("auto(n)" , 4000)　}
04	function clearAuto(){clearInterval(autoStart)}
05	//--
06	unction auto(){
07	n++;

序号	程序代码
08	if(n>3) n=0;
09	mea(n);
10	}
11	//--
12	function mea(value){
13	n=value;
14	setBg(value);
15	plays(value);
16	conaus(n);
17	}
18	//--
19	function setBg(value){
20	for(var i=0;i<4;i++)
21	document.getElementById("t"+i+"").className="bg";
22	document.getElementById("t"+value+"").className="active";
23	}
24	function plays(value){
25	try
26	{
27	with (au){
28	filters[0].apply();
29	for(i=0;i<4;i++)i==value?children[i].style.display="block":children[i].style.display="none";
30	filters[0].play();
31	}
32	}
33	catch(e)
34	{
35	var d = document.getElementById("au").getElementsByTagName("div");
36	for(i=0;i<4;i++)i==value?d[i].style.display="block":d[i].style.display="none";
37	}
38	}
39	function conaus(value){
40	try
41	{
42	with (conau){
43	for(i=0;i<4;i++)i==value?children[i].style.display="block":children[i].style.display="none";
44	}
45	}
46	catch(e)
47	{
48	var d = document.getElementById("conau").getElementsByTagName("div");
49	for(i=0;i<4;i++)i==value?d[i].style.display="block":d[i].style.display="none";
50	}
51	}
52	function clearAuto(){
53	clearInterval(autoStart)
54	}

续表

序号	程序代码
55	function auto(){
56	n++;
57	if(n>3)n=0;
58	mea(n);
59	}
60	function setAuto(){
61	autoStart=setInterval("auto(n)", 4000)
62	}
63	setAuto();

表 8-8 中的代码解释如下。

（1）调用函数 setAuto()，实现每隔一定时间段调用函数 auto()。

（2）函数 auto()用于改变当前显示的图片序号，并调用函数 mea()。

（3）函数 mea()用于依次调用函数 setBg()、plays()、conaus()。

（4）函数 setBg()用于控制数字按钮的外观，函数 plays()用于控制图片的显示或隐藏，函数 conaus()用于控制文字信息的显示或隐藏。

（5）当鼠标指针指向数字按钮时，调用函数 mea()和 clearAuto()。当鼠标指针离开数字按钮时，调用函数 setAuto()。

【任务 8-4】实现带缩略图且双向移动的横向焦点图片轮换

【任务描述】

创建网页 0804.html，编写 JavaScript 程序，实现带缩略图且双向移动的横向焦点图片轮换，如图 8-6 所示。

图 8-6　带缩略图且双向移动的横向焦点图片轮换

【任务实施】

创建网页 0804.html，该网页中带缩略图且双向移动的横向焦点图片轮换对应的 HTML 代码如表 8-9 所示。

表 8-9　网页 0804.html 中带缩略图且双向移动的横向焦点图片轮换对应的 HTML 代码

序号	程序代码
01	<div id="focus_change">
02	<div id="focus_change_list" style="top:0; left:0;">
03	<ul>

续表

序号	程序代码
04	`<li><a href=""><img src="images/001.jpg" alt="" /></a></li>`
05	`<li><a href=""><img src="images/002.jpg" alt="" /></a></li>`
06	`<li><a href=""><img src="images/003.jpg" alt="" /></a></li>`
07	`<li><a href=""><img src="images/004.jpg" alt="" /></a></li>`
08	`</ul>`
09	`</div>`
10	`<div id="focus_change_btn">`
11	`<ul>`
12	`<li class="current">`
13	`<a href="#"><img src="images/001.jpg" alt="" /></a>`
14	`</li>`
15	`<li><a href=""><img src="images/002.jpg" alt="" /></a></li>`
16	`<li><a href=""><img src="images/003.jpg" alt="" /></a></li>`
17	`<li><a href=""><img src="images/004.jpg" alt="" /></a></li>`
18	`</ul>`
19	`</div>`
20	`</div>`

网页 0804.html 中带缩略图且双向移动的横向焦点图片轮换对应的 JavaScript 代码如表 8-10 所示。

表 8-10　网页 0804.html 中带缩略图且双向移动的横向焦点图片轮换对应的 JavaScript 代码

序号	程序代码
01	`<script type="text/javascript">`
02	`function $(id) { return document.getElementById(id); }`
03	`function moveElement(elementID,final_x,final_y,interval) {`
04	`if (!document.getElementById) return false;`
05	`if (!document.getElementById(elementID)) return false;`
06	`var elem = document.getElementById(elementID);`
07	`if (elem.movement) {`
08	`clearTimeout(elem.movement);`
09	`}`
10	`if (!elem.style.left) {`
11	`elem.style.left = "0px";`
12	`}`
13	`if (!elem.style.top) {`
14	`elem.style.top = "0px";`
15	`}`
16	`var xpos = parseInt(elem.style.left);`
17	`var ypos = parseInt(elem.style.top);`
18	`if (xpos == final_x && ypos == final_y) {`
19	`return true;`
20	`}`
21	`if (xpos < final_x) {`
22	`var dist = Math.ceil((final_x - xpos)/10);`

序号	程序代码
23	xpos = xpos + dist;
24	}
25	if (xpos > final_x) {
26	var dist = Math.ceil((xpos − final_x)/10);
27	xpos = xpos − dist;
28	}
29	if (ypos < final_y) {
30	var dist = Math.ceil((final_y − ypos)/10);
31	ypos = ypos + dist;
32	}
33	if (ypos > final_y) {
34	var dist = Math.ceil((ypos − final_y)/10);
35	ypos = ypos − dist;
36	}
37	elem.style.left = xpos + "px";
38	elem.style.top = ypos + "px";
39	var repeat = "moveElement('"+elementID+"',"+final_x+","+final_y+","+interval+")";
40	elem.movement = setTimeout(repeat,interval);
41	}
42	
43	function classNormal(){
44	var focusBtnList = $('focus_change_btn').getElementsByTagName('li');
45	for(var i=0; i<focusBtnList.length; i++) {
46	focusBtnList[i].className=";
47	}
48	}
49	
50	function focusChange() {
51	var focusBtnList = $('focus_change_btn').getElementsByTagName('li');
52	focusBtnList[0].onmouseover = function() {
53	moveElement('focus_change_list',0,0,5);
54	classNormal()
55	focusBtnList[0].className='current'
56	}
57	focusBtnList[1].onmouseover = function() {
58	moveElement('focus_change_list',−570,0,5);
59	classNormal()
60	focusBtnList[1].className='current'
61	}
62	focusBtnList[2].onmouseover = function() {
63	moveElement('focus_change_list',−1140,0,5);
64	classNormal()
65	focusBtnList[2].className='current'
66	}
67	focusBtnList[3].onmouseover = function() {
68	moveElement('focus_change_list',−1710,0,5);

续表

序号	程序代码
69	classNormal()
70	focusBtnList[3].className='current'
71	}
72	}
73	
74	window.onload=function(){
75	focusChange();
76	}
77	</script>

表 8-10 中的代码解释如下。

（1）当网页加载完成时调用函数 focusChange()，该函数用于设置鼠标指针指向各个缩略图时触发的 onMouseOver 事件，事件调用的匿名函数分别调用 moveElement( )和 classNormal()函数，并设置缩略图的 className 属性的值为'current'。

（2）函数 moveElement()用于改变图片样式属性 style 的 left 和 top 的值，由于每隔一定的时间段改变一次图片样式属性 style 的 left 和 top 的值，从而产生图片移动效果。当 left 值逐步变小时，图片产生左移效果；当 left 值逐步变大时，图片产生右移效果。

【任务 8-5】实现网页图片拖曳

【任务描述】

创建网页 0805.html，编写 JavaScript 程序，实现网页图片拖曳，该网页的初始浏览效果如图 8-7 所示。

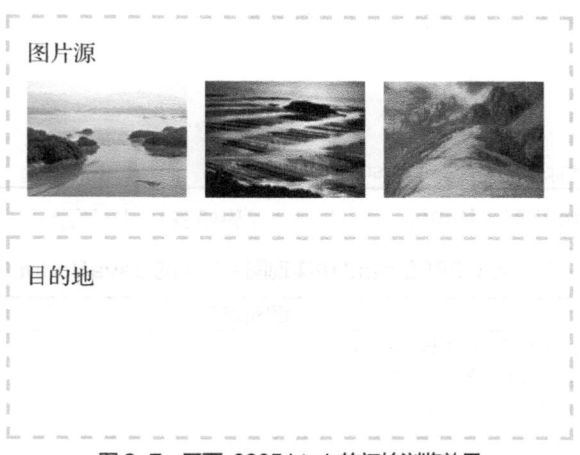

图 8-7　网页 0805.html 的初始浏览效果

【任务实施】

创建网页 0805.html，该网页的 CSS 代码如表 8-11 所示。

表 8-11　网页 0805.html 的 CSS 代码

序号	程序代码	序号	程序代码
01	#info{	17	#trash {
02	padding-left:40px	18	border: 3px dashed #ccc;
03	}	19	float: left;
04	#album {	20	margin: 10px;
05	border: 3px dashed #ccc;	21	padding: 10px;
06	float: left;	22	width: 400px;
07	margin: 0px 10px 5px;	23	height: 130px;
08	padding: 10px;	24	clear: left;
09	width: 400px;	25	}
10	height: 130px;	26	
11	}	27	#album p,#trash p
12	#album img,#trash img {	28	{ line-height:
13	margin: 3px;	29	25px; margin: 0px;
14	height: 90px;	30	padding: 5px;
15	width: 120px;	31	height: 25px;
16	}	32	}

网页 0805.html 的 HTML 代码如表 8-12 所示。

表 8-12　网页 0805.html 的 HTML 代码

序号	程序代码
01	<div id="info">
02	<h3> 温馨提示：可以将图片直接拖曳到目的地 </h3>
03	</div>
04	<div id="album">
05	<p> 图片源 </p>
06	<img src="images/01.jpg" id="img1" draggable="true" />
07	<img src="images/02.jpg" id="img2" draggable="true" />
08	<img src="images/03.jpg" id="img3" draggable="true" />
09	</div>
10	<div id="trash">
11	<p> 目的地 </p>
12	</div>
13	<script src="js/drag.js" type="text/javascript"></script>

网页 0805.html 中实现图片拖曳的 JavaScript 代码如表 8-13 所示。

表 8-13　网页 0805.html 中实现图片拖曳的 JavaScript 代码

序号	程序代码
01	var info = document.getElementById("info") ;
02	// 获得被拖曳的元素，这里为图片所在的 <div>
03	var src = document.getElementById("album") ;
04	var dragImgId ;
05	// 开始拖曳操作
06	src.ondragstart = function(e) {
07	// 获得被拖曳图片的 id
08	dragImgId = e.target.id ;
09	// 获得被拖曳元素
10	var dragImg = document.getElementById(dragImgId) ;

续表

序号	程序代码
11	// 拖曳操作结束
12	dragImg.ondragend = function(e) {
13	// 恢复提示信息
14	info.innerHTML = "\<h3\> 温馨提示：可以将图片直接拖曳到目的地 \</h3\>";
15	};
16	e.dataTransfer.setData("text", dragImgId) ;
17	};
18	// 拖曳过程中
19	src.ondrag = function(e) {
20	info.innerHTML = "\<h3\>-- 图片正在被拖曳 --\</h3\>";
21	}
22	// 获得拖曳的目标元素上
23	var target = document.getElementById("trash") ;
24	// 关闭默认处理
25	target.ondragenter = function(e) {
26	e.preventDefault() ;
27	}
28	target.ondragover = function(e) {
29	e.preventDefault() ;
30	}
31	// 将图片拖曳到目标元素上
32	target.ondrop = function(e) {
33	var draggedID = e.dataTransfer.getData("text") ;
34	// 获取图片 DOM 对象
35	var oldElem = document.getElementById(draggedID) ;
36	// 从图片所在的\<div\>中删除该图片 DOM 对象
37	oldElem.parentNode.removeChild(oldElem) ;
38	// 将被拖曳的图片 DOM 对象添加到目的地 \<div\> 中
39	target.appendChild(oldElem) ;
40	info.innerHTML = "\<h3\> 温馨提示：可以将图片直接拖曳到目的地 \</h3\>";
41	e.preventDefault();
42	}

　　保存网页 0805.html，其初始浏览效果如图 8-7 所示。在网页 0805.html 中将图片源的两张图片拖曳到目的地后的效果如图 8-8 所示。

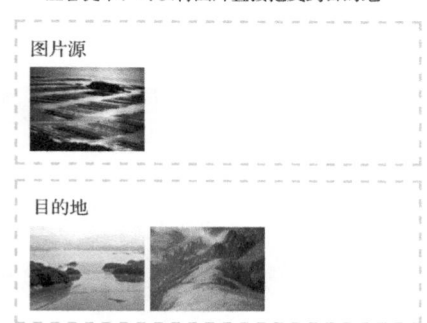

图 8-8　在网页 0805.html 中将图片源的两张图片拖曳到目的地后的效果

请读者扫描二维码，进入本模块在线习题，完成练习并巩固学习成果。

在线评测